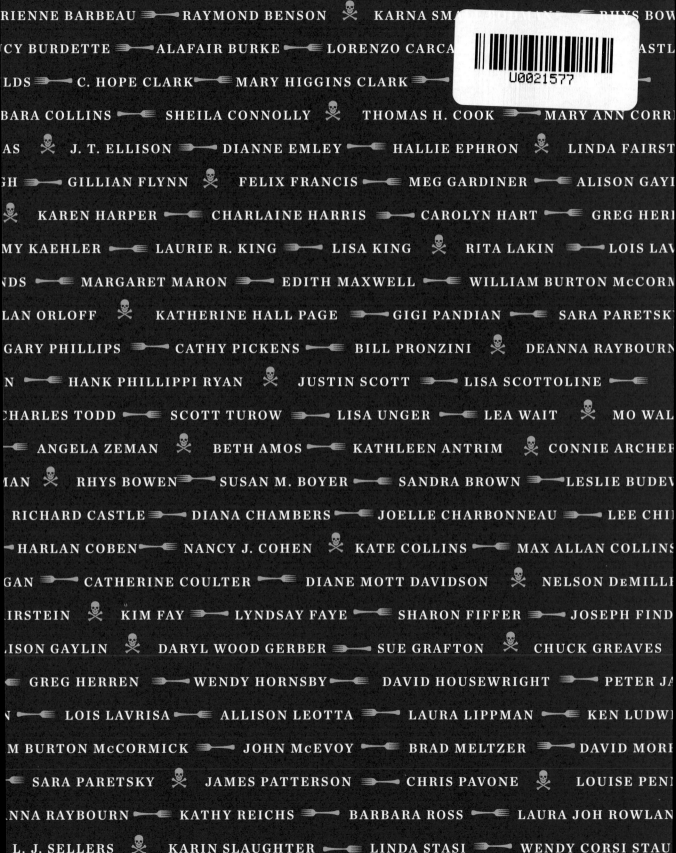

RIENNE BARBEAU ⟹—€ RAYMOND BENSON ☠ KARNA SM... ...BYS BOW

CY BURDETTE ⟹—€ ALAFAIR BURKE ⟹€ LORENZO CARCA... ...ASTL

LDS ⟹€ C. HOPE CLARK ⟹€ MARY HIGGINS CLARK ⟹—

BARA COLLINS ⟹€ SHEILA CONNOLLY ☠ THOMAS H. COOK ⟹€ MARY ANN CORR

AS ☠ J. T. ELLISON ⟹€ DIANNE EMLEY ⟹€ HALLIE EPHRON ☠ LINDA FAIRST

GH ⟹€ GILLIAN FLYNN ☠ FELIX FRANCIS ⟹€ MEG GARDINER ⟹€ ALISON GAYI

☠ KAREN HARPER ⟹€ CHARLAINE HARRIS ⟹€ CAROLYN HART ⟹€ GREG HERI

MY KAEHLER ⟹€ LAURIE R. KING ⟹€ LISA KING ☠ RITA LAKIN ⟹€ LOIS LAV

NDS ⟹€ MARGARET MARON ⟹€ EDITH MAXWELL ⟹€ WILLIAM BURTON McCORM

LAN ORLOFF ☠ KATHERINE HALL PAGE ⟹€ GIGI PANDIAN ⟹€ SARA PARETSK

GARY PHILLIPS ⟹€ CATHY PICKENS ⟹€ BILL PRONZINI ☠ DEANNA RAYBOURN

N ⟹€ HANK PHILLIPPI RYAN ☠ JUSTIN SCOTT ⟹€ LISA SCOTTOLINE ⟹€

CHARLES TODD ⟹€ SCOTT TUROW ⟹€ LISA UNGER ⟹€ LEA WAIT ☠ MO WAL

€ ANGELA ZEMAN ☠ BETH AMOS ⟹€ KATHLEEN ANTRIM ☠ CONNIE ARCHER

MAN ☠ RHYS BOWEN ⟹€ SUSAN M. BOYER ⟹€ SANDRA BROWN ⟹€ LESLIE BUDEW

RICHARD CASTLE ⟹€ DIANA CHAMBERS ⟹€ JOELLE CHARBONNEAU ⟹€ LEE CHI

HARLAN COBEN ⟹€ NANCY J. COHEN ☠ KATE COLLINS ⟹€ MAX ALLAN COLLINS

GAN ⟹€ CATHERINE COULTER ⟹€ DIANE MOTT DAVIDSON ☠ NELSON DeMILL

IRSTEIN ☠ KIM FAY ⟹€ LYNDSAY FAYE ⟹€ SHARON FIFFER ⟹€ JOSEPH FIND

LISON GAYLIN ☠ DARYL WOOD GERBER ⟹€ SUE GRAFTON ☠ CHUCK GREAVES

€ GREG HERREN ⟹€ WENDY HORNSBY ⟹€ DAVID HOUSEWRIGHT ⟹€ PETER JA

N ⟹€ LOIS LAVRISA ⟹€ ALLISON LEOTTA ⟹€ LAURA LIPPMAN ⟹€ KEN LUDWI

M BURTON McCORMICK ⟹€ JOHN McEVOY ⟹€ BRAD MELTZER ⟹€ DAVID MORI

€ SARA PARETSKY ☠ JAMES PATTERSON ⟹€ CHRIS PAVONE ☠ LOUISE PENI

NNA RAYBOURN ⟹€ KATHY REICHS ⟹€ BARBARA ROSS ⟹€ LAURA JOH ROWLAN

L. J. SELLERS ☠ KARIN SLAUGHTER ⟹€ LINDA STASI ⟹€ WENDY CORSI STAU

TH AMOS → KATHLEEN ANTRIM → CONNIE ARCHER ☠ FRANKIE Y. BAILEY →

USAN M. BOYER ☠ SANDRA BROWN → LESLIE BUDEWITZ → CAROLE BUGGÉ

☠ DIANA CHAMBERS → JOELLE CHARBONNEAU → LEE CHILD ☠ LAURA

LAN COBEN → NANCY J. COHEN → KATE COLLINS ☠ MAX ALLAN COLLINS AND

THERINE COULTER ☠ DIANE MOTT DAVIDSON → NELSON DeMILLE → GERAL

M FAY → LYNDSAY FAYE ☠ SHARON FIFFER → JOSEPH FINDER → BILL FIT

RYL WOOD GERBER → SUE GRAFTON → CHUCK GREAVES → BETH GROUNDWAT

DY HORNSBY → DAVID HOUSEWRIGHT ☠ PETER JAMES → J. A. JANCE →

ISON LEOTTA ☠ LAURA LIPPMAN → KEN LUDWIG → JOHN LUTZ → GAYL

JOHN McEVOY → BRAD MELTZER → DAVID MORRELL → MARCIA MULLER →

JAMES PATTERSON ☠ CHRIS PAVONE → LOUISE PENNY → TWIST PHELAN

→ KATHY REICHS → BARBARA ROSS ☠ LAURA JOH ROWLAND → S. J.

J. SELLERS → KARIN SLAUGHTER → LINDA STASI → WENDY CORSI STAUB

KATE WHITE → TINA WHITTLE → JACQUELINE WINSPEAR → BEN H. WINT

NKIE Y. BAILEY → ADRIENNE BARBEAU → RAYMOND BENSON → KARNA SMALL

AROLE BUGGÉ ☠ LUCY BURDETTE → ALAFAIR BURKE → LORENZO CARCATERRA

LAURA CHILDS → C. HOPE CLARK ☠ MARY HIGGINS CLARK → MARY JANE CLAR

BARBARA COLLINS → SHEILA CONNOLLY → THOMAS H. COOK ☠ MARY ANN C

ERALD ELIAS → J. T. ELLISON ☠ DIANNE EMLEY → HALLIE EPHRON → LIN

BILL FITZHUGH → GILLIAN FLYNN → FELIX FRANCIS ☠ MEG GARDINER

H GROUNDWATER → KAREN HARPER → CHARLAINE HARRIS ☠ CAROLYN HAI

A. JANCE → TAMMY KAEHLER → LAURIE R. KING → LISA KING → RITA

N LUTZ → GAYLE LYNDS → MARGARET MARON → EDITH MAXWELL ☠ W

ARCIA MULLER ☠ ALAN ORLOFF → KATHERINE HALL PAGE → GIGI PANDIA

WIST PHELAN → GARY PHILLIPS ☠ CATHY PICKENS → BILL PRONZINI

S. J. ROZAN ☠ HANK PHILLIPPI RYAN → JUSTIN SCOTT → LISA SCOTTOLINE

·從·犯·罪·現·場·到·餐·桌·

美國推理作家食譜

失蹤的兇器、消失的屍體，110 位推理作家的 109 道驚人美食

THE

MYSTERY

WRITERS

OF

AMERICA

COOKBOOK

李·查德、瑪莉·海金斯·克拉克、哈蘭·科本、納爾遜·迪密爾、吉莉安·弗琳、
蘇·葛拉芙頓、莎蓮·哈里斯、詹姆斯·派特森、露意絲·佩妮、史考特·杜羅
以及多位廣受好評的偷天妙手聯合鉅獻

凱特·懷特 Kate White　編著

蔡宛娜、古又羽　譯

Contents 書目

所有可能犯案的嫌疑人

Beth Amos
Kathleen Antrim
Connie Archer
Frankie Y. Bailey
Adrienne Barbeau
Raymond Benson
Karna Small Bodman
Rhys Bowen
Susan M. Boyer
Sandra Brown
Leslie Budewitz
Carole Buggé
Lucy Burdette
Alafair Burke
Lorenzo Carcaterra
Richard Castle
Diana Chambers
Joelle Charbonneau
Lee Child
Laura Childs
C. Hope Clark
Mary Higgins Clark
Mary Jane Clark
Harlan Coben
Nancy J. Cohen
Kate Collins

Max Allan Collins and Barbara Collins
Sheila Connolly
Thomas H. Cook
Mary Ann Corrigan
Catherine Coulter
Diane Mott Davidson
Nelson DeMille
Gerald Elias
J. T. Ellison
Dianne Emley
Hallie Ephron
Linda Fairstein
Kim Fay
Lyndsay Faye
Sharon Fiffer
Joseph Finder
Bill Fitzhugh
Gillian Flynn
Felix Francis
Meg Gardiner
Alison Gaylin
Daryl Wood Gerber
Sue Grafton
Chuck Greaves
Beth Groundwater
Karen Harper
Charlaine Harris

Carolyn Hart
Greg Herren
Wendy Hornsby
David Housewright
Peter James
J. A. Jance
Tammy Kaehler
Laurie R. King
Lisa King
Rita Lakin
Lois Lavrisa
Allison Leotta
Laura Lippman
Ken Ludwig
John Lutz
Gayle Lynds
Margaret Maron
Edith Maxwell
William Burton McCormick
John McEvoy
Brad Meltzer
David Morrell
Marcia Muller
Alan Orloff
Katherine Hall Page
Gigi Pandian
Sara Paretsky
James Patterson
Chris Pavone

Louise Penny
Twist Phelan
Gary Phillips
Cathy Pickens
Bill Pronzini
Deanna Raybourn
Kathy Reichs
Barbara Ross
Laura Joh Rowland
S. J. Rozan
Hank Phillippi Ryan
Justin Scott
Lisa Scottoline
L. J. Sellers
Karin Slaughter
Linda Stasi
Wendy Corsi Staub
Charles Todd
Scott Turow
Lisa Unger
Lea Wait
Mo Walsh
Kate White
Tina Whittle
Jacqueline Winspear
Ben H. Winters
Angela Zeman

關於本書

羅德‧達爾（Roald Dahl）1953 年出版了短篇犯罪小說《羊腿謀殺案》（Lamb to the Slaughter），生動地描寫一位名叫瑪麗‧馬龍尼的家庭主婦怎麼用羊腿打死負心的偵探丈夫，然後從這場謀殺案中漂亮地無罪而退。故事是這樣的，在一個尋常的傍晚，瑪麗正準備著晚飯時，她的警探丈夫毫無預警地宣布要離開她，結束他們的婚姻關係。丈夫沒有解釋為什麼，但是想也知道，他一定是愛上了別人。聽到這樣的噩耗，瑪麗當下氣得順手拿起本來要當作晚餐主菜的凍羊腿，重重地往丈夫的頭部打下去。這是致命的一擊，丈夫當場就被羊腿給打死了。

等回過神來，瑪麗開始冷靜地思考如何讓自己從這場謀殺案中脫身，她才不想為這個負心漢去坐牢。按照預定的晚餐計畫，她把羊腿放上烤架，放進烤箱，然後偷偷地從後門溜出去買菜，給自己製造不在場證明。等買完東西回來，她便打電話報警，說發現丈夫在自家的廚房被謀殺了。很快地，警探們來到了犯罪現場，死去的先生是他們的同事，他們仔細檢查他的傷口後，推斷出死因是因為頭部受到鈍器攻擊，問題是，兇器在哪裡？搜遍了整間公寓也找不到那個鈍器。

警探們忙進忙出時，羊腿也悄悄地烤好了。瑪麗把羊腿拿出烤箱，切下肉，熱情地請辦案的警探們吃，他們狼吞虎嚥地吃掉了美味的烤羊腿，打從心眼兒沒有懷疑瑪麗可能是兇手，還想著只要找到兇器，就會找到兇手。填飽肚子的同時，也把兇器羊腿吃下肚了。

在眾多的犯罪小說寫作裡，《羊腿謀殺案》應該算是把食物和犯罪巧妙完美結合的短篇之一。除此之外，還有許多很棒的類似作品，和數不盡的食物謀殺案小說場景。比如說我們大家熟悉的柯南‧道爾（Arthur Conna Doyle）、桃樂西‧塞爾斯（Dorothy Sayers）和史考特‧杜洛（Scott Turow）創作的犯罪小說裡，都有角色人物被食物毒死或者是酒裡被下毒的場景。謀殺小說女王阿嘉莎‧克莉絲蒂（Agatha Christie）的創作中，將近一半作品的角色人物是被毒死的。

食物不僅僅可以被用來當作兇器，他們也代表了小說裡角色人物的性格。19 世紀法國律師兼美食散文家的尚‧布亞特-薩瓦林（Jean Brillat-Savarin）曾這麼說過：「看一個人吃的東西，就可以推斷一個人的個性。」一語中的！一些經典膾炙人口的犯罪小說中，辦案主角們都有他們偏好的食物：瑪波小姐辦案一定要吃上幾塊司康餅，喝上幾杯茶，不然案子可破不了（瑪波小姐探案系列十二本書和其他相關的二十個短篇中，她一共喝了 132 杯茶）。金絲‧梅芳辦案時最喜歡吃花生醬醃

黃瓜三明治，傑克‧李奇則是一定要喝上一壺熱騰騰的咖啡，愛打瞌睡的偵探艾力克斯‧庫柏一定要喝一杯德瓦士威士忌加冰塊。最誇張的就是偵探尼洛‧伍爾夫，好吃的他還有私廚弗里茨專門給他燒菜，像是奶油漬乳鴿配克里奧炸餅佐乳酪醬汁這種功夫菜。

既然在小說裡的犯罪現場出現美食的頻率這麼高，美國推理作家協會（Mystery Writers of America，簡稱 MWA）決定出一本犯罪食譜，把大家喜愛的作品裡出現過的美食通通收錄進來，以饗忠實讀者的五臟廟。這本書裡收錄了超過 100 道的食譜，他們的作者都是一流的推理作家，如：瑪莉‧海金斯‧克拉克（Mary Higgins Clark）、哈蘭‧科本（Harlan Coben）、納爾遜‧迪密爾（Nelson DeMille）、莎蓮‧哈里斯（Charlaine Harris）和詹姆斯‧派特森（James Patterson）。甚至 ABC 電視網的影集《靈書妙探》（Castle）的主角理查‧凱索，也貢獻了一道鬆餅食譜。

相信忠實讀者如你一定會愛死這本書裡收錄的食譜，也會喜歡每道食譜背後的作者小故事。有些食譜是在作品裡出現過的，有些是作者自己喜愛的菜餚或者飲品，當他們一個人對著電腦孤軍創作時，這些美食和飲品提供他們創作時所需的能量和辛苦完成作品後的慰藉。

如果你在深夜時分閱讀一本新的推理小說，故事很精彩，你一個人在家裡越讀越害怕，那麼，記得看看這本食譜裡有那些美食是很適合當作深夜閱讀時吃的。我們建議試試喬瑟夫‧芬德（Joseph Finder）的熱蘋果碎餅，它適合深夜獨自看犯罪小說時吃的暖心美食。

「創作一道新的食譜的過程和警探試著破解一起兇殺案差不多——這兩件事都需要按部就班，抽絲剝繭，去蕪存菁後才會有完美的成果。」知名的心理學家、電視記者和美食雜誌主編安‧普萊塞特‧墨菲（Anne Pleshette Murphy）這麼說：「技藝精湛的大廚就像足智多謀的的警探，他做菜時用上了全部的感官，再加上一點點創意。」

最後順道一提，這本書的銷售收入將會全部歸美國推理作家協會所有，這個組織創立於 1945 年，成立宗旨是為了推廣和提升犯罪小說創作，同時肯定傑出的創作者對犯罪寫作這個領域的耕耘和努力。非常歡迎全世界任何有志於犯罪小說的創作者加入美國推理作家協會，成為其中的一員。這個協會贊助每年一度的愛倫坡獎（Edgar Awards），這個獎項是以犯罪小說創作始祖艾德格‧愛倫坡（Edgar Allan Poe）的名字而命名的，且被認為是推理小說的金像獎。本書很多傑出的作者和大廚們都曾經是愛倫坡獎得主、美國推理作家協會大師獎（MWA Grand Master）得主，有些還曾經擔任過美國推理作家協會會長。

如同福爾摩斯說過的：「學無止境啊，華生。」且讓我們獻上眾家食譜，換你大展身手，烹飪出你自己的味道，把好滋味和同好分享！

第一章

接下這個案子時，我就料到這會是件苦差事。有幾個晚上還得熬夜加班。昨晚我們通宵監視嫌疑犯，今天早上還是沒有新的進展。不管怎麼樣，我們需要先吃頓像樣的早飯。

MODEL 1

阿拉菲爾‧布爾克

艾莉‧海契爾的蘭姆酒巧克力榛果醬法式吐司

喜歡艾莉‧海契爾警探系列的讀者們可能會注意到，紐約警局的警探是不下廚的。艾莉警探會吃不會煮，她的廚藝就是打電話叫外賣，或者挖幾匙巧克力榛果醬來填飽肚子。我們知道她喜歡喝幾杯，最愛 Johnnie Walker 黑牌威士忌和滾石啤酒，有時到奧圖酒吧喝點紅酒。綜合以上她愛吃愛喝的，我想海契爾警探一定無法拒絕泡了蘭姆酒的法式吐司，塗上她最愛的巧克力榛果醬，尤其是有人幫她做好（她的弟弟傑西肯定常常幫她做早餐）。

材料：4 人份

8～12 湯匙巧克力榛果醬（Nutella）

8 片 ⅜ 英寸厚的布里歐修甜麵包（brioche）切片或猶太辮子麵包（challah）

8 個大雞蛋

3 杯牛奶

2 湯匙香草精

4 湯匙或 ½ 條牛油

◎配料◎
細糖粉、楓糖漿、打發鮮奶油、切片香蕉或莓果。基本上，你可以在法式吐司上放任何你喜歡的食材

1. 把一條布里歐修甜麵包對半切後再切片，在麵包上均勻塗上巧克力榛果醬，塗好後分別再蓋上其他切片吐司。每份法式吐司的厚度大概在 ¾ 英寸左右。

2. 在大碗中混合蛋、牛奶、香草精和蘭姆酒，攪拌均勻後倒入派盤裡，大概 ½ 英寸左右的高度即可。沒有派盤也可以用淺的烤盤，或任何能讓你把法式吐司均勻蘸上蛋奶液的容器。

3. 拿一個淺的不沾鍋，熱鍋後放入一匙牛油。

4. 不沾鍋裡的牛油開始融化後，把沾了蛋奶液的吐司放到鍋裡煎幾秒後再翻面煎一下。這個動作的用意是要把吐司兩面都先均勻地塗上牛油，而不是泡在融化後的牛油裡。

5. 不沾鍋裡的牛油完全融化後，這時溫度也升高了，把吐司的兩面繼續各煎 3 分鐘，或直到鍋子開始冒煙，麵包表面變得金黃色即可（如果平底鍋夠大，可一次煎好幾份吐司）。把先煎好的吐司放進烤箱保溫，繼續煎剩下的夾心麵包。

6. 所有吐司都煎好後，撒上細糖粉或加上任何你喜歡的水果或者糖漿。

阿拉菲爾‧布爾克是十本暢銷小說的作者，作品有驚悚小說《早已遠離》（Long Gone）和大家熟悉的艾莉‧海契爾警探系列：《212》、《天使之翼》（Angel's Tip）、《無效的連結》（Dead Connection）、《守口如瓶》（Never Tell）及《白晝和黑夜》（All Day and A Night）。在成為作家前她是一位檢察官，現居曼哈頓，創作之餘也在大學裡教授刑法。

瑪格麗特・馬龍

諾特奶奶的黑糖烘吐司

桃樂西・塞爾斯把我那一本《公車司機的蜜月》（Busman's Honeymoon）稱作「被警探攪局的愛情故事」，以此類推，我應該把諾特法官系列（Judge Deborah Knott）第十本《鄉村的墮落》（High Country Fall）的附標題改為「貪吃的警探」，因為經常有讀者問我這本書裡出現的食物的食譜，特別是諾特法官奶奶的黑糖烘吐司，一道利用麵包變化出來的美味家常菜。這道菜其實就是烤箱版的法式吐司，不過諾特法官的奶奶從沒聽過法式吐司，也不喜歡只做一人份，對食材的用量也不是很在意。她做菜全憑感覺，可能好吃，也可能不怎麼樣。冬天母雞不太下蛋時，她就會做這道菜。

　　看人數多少決定食材多寡。我通常會把一條酸麵包、全麥吐司或義大利白麵包切成厚片（約 1½ ～ 2 英寸度），大概跟德州吐司的厚度差不多，要不就用兩片白吐司疊在一起，看你喜歡，不用太拘泥於細節。如果吃的人多，就大概 1½ 顆蛋配一杯牛奶，視情況需要，其他材料的分量就跟著調整。

食材：6 人份	
1 杯黑糖，分開使用 ½ 杯又 2 湯匙（或 1 ¼ 條） 　無鹽牛油，分開使用 ¼ 杯蜂蜜、楓糖漿或糖蜜 足夠鋪滿一個 9 ～ 12 英寸砂 　鍋鍋底的厚片麵包 3 顆蛋 2 杯牛奶 ½ 茶匙香草精	1. 預留 2 湯匙黑糖，然後把剩下的鋪滿砂鍋鍋底。 2. 融化一條奶油，拌入蜂蜜，攪拌均勻後倒在鋪滿黑糖的鍋底。 3. 把厚片麵包蓋在鋪滿黑糖的鍋底，不要留空隙。如果有邊角縫，就把麵包撕成小片去填滿。 4. 把蛋、牛奶和香草精一起攪拌均勻後，倒在麵包上，蛋奶液要均勻的覆蓋住麵包。 5. 最後撒上 1 預留的 2 湯匙黑糖，然後融化剩下的 ¼ 條牛油澆在黑糖上，拿出保鮮膜蓋好後，把整鍋麵包放入冰箱冷藏一個晚上。 6. 隔天先把烤箱預熱到華氏 350 度，把冰了一夜的麵包送入烤箱前，記得先倒出多餘的蛋奶液，送入烤箱烤 30 ～ 35 分鐘。拿刀插入中央，拔起來沒有沾黏就表示烤好了。倒出麵包，鍋底的黑糖應該變成焦糖，而上面那層則是均勻的焦棕色。切好熱騰騰的烘麵包，加上幾根香腸或幾個豬肉餅，就是一頓豐盛的六人早餐（填飽肚子重要，卡路里就再說吧）！

美國推理作家協會大師獎得主**瑪格莉特・馬龍**的作品，是愛倫坡、阿嘉莎、安東尼（Anthony Awards）和麥卡維帝（Macavity Awards）等獎項的常客，同時也是好幾個大學的當代南方文學研究的必讀書目。她是現任犯罪寫作姐妹會（Sisters in Crime and Mystery Writers of America）的會長。2008 年她獲頒北卡羅萊納獎（North Carolina Award），這是該州對傑出州民的最高榮譽。她最新的作品是《孝女》（Designated Daughters）。

班・溫特斯

帕勒斯警探最愛的歐姆蛋

漢克・帕勒斯（Hank Palace）是《末代警探》（The Last Policeman）的英雄人物，即使身處道德敗壞的社會，這位年輕警官依舊決心要偵破慘絕人寰的謀殺案，還給被害人正義。漢克進入繁忙的調查工作還不到一年，就發現要好好找間餐館祭五臟廟和發現破案線索一樣棘手。他的辦案理念就是埋頭苦幹，即使外面的世界已經翻天覆地。從高中開始，他經常到一家叫薩莫塞特的餐館吃飯，總是同一個女服務生露絲安幫他點餐，她常常笑漢克永遠只吃歐姆蛋，從來不換點別的。漢克覺得歐姆蛋沒什麼不好的，快又好吃，而且容易填飽肚子，吃完後還有時間可以喝杯咖啡，釐清案情的來龍去脈。漢克就是這麼一板一眼的人，他有他的堅持，也不喜歡驚喜──即使明天就是世界末日，最後一餐也一定還是歐姆蛋。薩莫塞特的蛋捲會配上塗了厚厚牛油的全麥吐司，和一杯又濃又燙的黑咖啡，通常一起送上的還有一小碗水果，不過，帕勒斯警探從來不吃。

材料：1 人份	
3 顆蛋 幾小塊牛油 3 湯匙牛奶 適量鹽和胡椒 一小撮巴西利（parsley）	1. 拿一個碗打入 3 顆蛋，平底不沾鍋用中火加熱（用平底煎盤也可以）。 2. 把牛油丟入燒熱的不沾鍋，牛油倒入蛋液中，以鹽和胡椒調味，然後用力攪拌均勻。 3. 鍋子燒得夠熱時（滴水在鍋子裡會吱吱作響時就是了），把 2 倒入鍋中，停留 1 分鐘左右或者更短的時間，只要蛋液開始凝固即可。 4. 用鍋鏟把蛋捲邊緣往鍋子中央推，同時讓上面的蛋液往下流，重複這樣做直到表面的蛋液都凝結，這時將蛋捲翻面再熱 5 秒左右，看上去熟了話就好了。 5. 加入你喜歡的餡料，像乳酪絲、炒蘑菇、或綠甜椒等，想吃什麼放什麼。帕勒斯警探只吃什麼都不加的純歐姆蛋。 6. 輕輕地沿著從邊緣把蛋皮拉起來，然後對折起來，撒一點巴西利點綴，香噴噴的歐姆蛋就完成了。

班・溫特斯的《末代警探》和續集《倒數毀滅》（Countdown City）及《災難世界》（World of Trouble）都獲得了愛倫坡獎。他的其他作品還有《理性與感性》（Sense and Sensibility）和《大海怪》（Sea Monster）。《芬克曼小姐的祕密生活》（The Secret Life of Ms. Finkleman）獲得愛倫坡獎青少年推理小說創作的提名。他住在印第安納坡里斯，個人網站：www.benhwinters.com。

J・A・顏斯

糖條山咖啡館香甜麵包卷

艾莉・雷諾（Ali Reynolds）系列第一本《邪惡的邊緣》（Edge of Evil）中，女主角艾莉的生活發生了翻天覆地的變化——因年老色衰而丟了新聞主播的工作，老公沒有和她共度難關就算了，還琵琶別抱。走投無路之下，艾莉回到老家亞利桑那的塞多納小鎮，希望好好休息後重新再出發。她的父母在那裡開了一間叫「糖條山咖啡館」的小餐館，名字取自當地著名的紅岩地表景點。

糖條山咖啡館是我虛構的，在小說裡它是一家小餐館，專做好吃又能填飽肚子的家常料理，艾莉的爸爸負責掌廚，媽媽負責烘焙新鮮的糕點。

作為一個推理小說作家，我可以把喜歡和不喜歡的人事物都寫進小說裡，我可以決定誰當壞人，誰當好人——現實生活中惹我生氣的人，在我的書裡他們就是壞蛋、嫌疑犯，有時候還會不得好死。我非常喜歡肉桂卷，所以把它寫進書中，變成糖條山咖啡館的招牌甜點。

我寫的是虛擬小說，糖條山咖啡館的香甜麵包卷再怎麼好吃，也只存在於作品中、我腦子裡。寫著寫著，腦海裡彷彿聞到新鮮剛出爐的麵包卷氣味，而讀者也是，所以不斷有人寫信來問麵包卷的食譜。

這真是難倒我了，麵包卷只存在書中，現實生活中我從沒自己做過。還好我兒子湯姆幫了大忙，他試著照書中的描述，讓虛擬的麵包卷成為現實，把食材和作法寫成了可以照表操作的食譜。如今，在土桑的某家餐廳裡，每週都會供應這道香甜麵包卷。

材料：8 個

◎麵團◎

4¾ 杯和 ⅔ 杯中筋麵粉，分開使用

一小撮現磨豆蔻粉

½ 杯白砂糖

1 茶匙粗鹽

1 小包速發酵母粉

1 顆大型蛋外加 1 顆大型蛋黃

1 杯溫水

½ 杯全脂酸奶油（sour cream）

1. 在大碗中過篩 4¾ 杯麵粉和豆蔻粉，加入白砂糖、鹽和酵母粉。打入蛋、蛋黃，倒入溫水攪拌均勻後，揉 5～8 分鐘直到麵團有彈性，表面光滑。接著揉入酸奶油和剩下的 ⅔ 杯麵粉，只要混合材料就好，不用揉到出筋，麵團要有點濕潤和黏手。

2. 另外拿一個碗，表面塗上一層薄薄的牛油，放入麵團，用布蓋上，放在溫暖的地方發酵 1 小時左右，視廚房溫度，待麵團發到兩倍大即可。

3. 麵團發酵的同時，用碗盛入黑糖、豆蔻粉、肉桂粉、玉米糖漿和牛油，用抹刀攪拌均勻，再倒入胡桃。

4. 麵團發好後，先用拳頭往下擠出多餘的空氣，再放到沾了麵粉的料理檯，把麵團揉開成約 17 × 14 × ⅛ 英寸的大小。均勻撒上 3 的餡料，直到 1 英寸厚即可，然後在麵團邊緣抹上蛋白。

◎餡料◎

1 ½ 杯黑糖

一小撮現磨豆蔻粉

½ 茶匙肉桂粉

1 湯匙玉米糖漿（corn syrup）

3 湯匙室溫軟化無鹽牛油

6 盎司切碎胡桃

1 顆大型蛋的蛋白

◎糖霜◎

8 盎司奶油起司（cream cheese），室溫

½ 杯白砂糖

柳橙皮（可不用）

⅓ 杯高脂鮮奶油（heavy cream）

5. 把包了餡料的麵團捲成約 17 英寸長後，封口朝下靜置幾分鐘，讓封口密實。用刀修整麵團不平整的邊緣，兩端大概是 ½ 英寸寬，切掉尾端，把麵團分成八等分，每一塊大約是 2 英寸長。

6. 取 8 × 8 × 2 英寸的蛋糕盤，表面塗上一層薄薄的牛油，撒上麵粉。把切好的麵團封口朝下放入烤盤（4 個一盤），麵團之間和烤盤要留有空隙。

7. 擺好麵團的烤盤用烘焙紙或者保鮮膜蓋上，讓麵團再發酵到兩倍大，使麵團間沒有空隙（如果不馬上吃，就把麵團放入冰箱冷藏，要烤時再拿出來在室溫下回暖）。

8. 烤箱預熱到華氏 325 度，放入麵團烤 35 ～ 40 分鐘，直到表面呈金黃色即可。等麵包捲烘烤的同時可以準備糖霜。取一個碗，攪拌均勻奶油起司和糖（喜歡的話可加入柳橙皮），再倒入鮮奶油攪拌均勻。麵包捲烤好後，馬上塗上糖霜，熱騰騰的糖條山咖啡館香甜麵包捲新鮮出爐囉！

茱蒂・顏斯是《紐約時報》暢銷書作者，創作量驚人，有四個推理小說系列，分別是包曼探長（J. P. Beaumont）、喬安娜・布瑞迪（Joanna Brady）、艾莉・雷諾，以及華克家族（Walker Family），作品總數超過五十本。除了推理小說，她也著有詩集《大火之後》（After the Fire），最新的作品是以艾莉・雷諾為主角的《冷酷的背叛》（Cold Betrayal）。作者出生在南達科達州，在亞利桑那州長大，和丈夫往來於土桑、亞利桑那和華盛頓。

麥斯・艾倫・柯林斯和芭芭拉・柯林斯

歡樂假日烘蛋

垃圾和寶藏（Trash 'n' Treasures）系列的《古董》（Antiques）中的薇薇安・伯恩（Vivian Borne），總是稱呼她的讀者們「親愛的」，每本書中都會有一道讓人流口水的美味食譜。這道烘蛋食譜是我在心理醫師候診間隨便翻書時發現的。是的，我去看了心理醫師。不管是誰把作法步驟頁撕走，我希望他下次記得把成品的圖片也一併撕掉，要不然其他病患只能看著圖片流口水卻找不到作法，反而引起更大的心理焦慮。

這道食譜非常容易，不管我有沒有按時服藥，做出來的效果都非常棒，從來沒有失手過。這道烘蛋適合在邀請客人來度假時，當作早餐來享用（警告：如果太多客人在廚房裡幫忙，很可能其中一個會累到在你專注朗讀作品時睡著）。不管是不是假期，只要想吃就做來吃吧！當與我同住的已離婚女兒布蘭迪心情低落時，如果吃了百憂解還是沒用，我就會做這道烘蛋來給她打氣。很有效的，你也試試！

材料：6～8人份	
8～10片白吐司 1磅香腸 6～8顆蛋 ½杯刨絲切達起司 ½杯刨絲瑞士起司 ½杯罐頭蘑菇，瀝乾水分（可不用） ¾杯（脂肪含量10%的）半全脂牛奶 1¼杯牛奶 1茶匙沃斯特辣醬 1湯匙黃芥末 適量鹽和胡椒	1. 烤箱預熱到華氏350度，在一個9～13英寸的平底鍋上塗上牛油。 2. 白吐司切邊，把吐司邊切塊丟到平底鍋裡。 3. 把香腸放到煎鍋裡和吐司邊一起煎到棕黃。 4. 在大碗中輕輕把全部的蛋打散，加入起司絲、蘑菇（如果有的話）、半全脂牛奶、牛奶、沃斯特辣醬、黃芥末、鹽和胡椒，攪拌均勻後倒入平底鍋裡。 5. 放入烤箱烤35～40分鐘。

獲夏姆斯獎（Shamus Award）的歷史驚悚小說系列奈森・赫勒（Nathan Heller）的作者**麥斯・艾倫・柯林斯**，他的圖像小說《非法正義》（Road to Perdition）被搬上大螢幕後，獲得了奧斯卡獎最佳攝影。他的七〇年代創作獵物（Quarry）系列，最近重新改編成影集《重案組》（Hard Case Crime）。此外，他還在麥基・史畢蘭（Mickey Spillane）逝世後，完成八本後者的小說，包括《無用的國王》（King of the Weeds）。

芭芭拉・柯林斯的作品有與人合著的獲獎舒逸推理系列垃圾和寶藏，第一冊是《古董謀殺案》（Antiques Roadkill），最新的是《古董騙子》（Antique Cons）。第四冊《古董跳蚤市場》（Antique Flee Market）獲得浪漫時潮獎（Romantic Times Award）的「2008年度最佳幽默推理小說」。她和柯林斯也合著了兩本推理小說：《砲彈》（Bombshell）及《重生》（Regeneration）。

理查・凱索

一夜溫存之後的早餐鬆餅

很多人問我，是什麼時候知道自己愛上了貝克特警探。某天早上醒來的時候，我無法克制地想要為她做一份招牌鬆餅，那時我就知道我愛上她了。

　　貝克特是位優秀又迷人的警探，我書中的妮基警探就是以她為創作繆思。當我們一同偵辦一起連續謀殺案時，殺手誤認貝克特警探就是《妮基熱》（Nikki Heat）書中的女警探本人，我覺得有責任和義務保護她的人身安全（雖然佩槍的是她不是我）。晚上我到她的公寓去守夜，我睡在沙發上，如果壞人想要攻擊她，至少要先經過我這一關，結果壞人沒來，但是因為彼此間高漲的性吸引力，沙發上的我和房裡的她都沒睡好。一夜輾轉難眠後，我只想好好做份鬆餅早餐。當我想要取悅我的愛的人，我能想到的就是為他們做份鬆餅早餐。鬆餅是我表達愛意的方式，當然，一杯好咖啡也是，但是鬆餅可不是開玩笑的，我真的很喜歡她。

材料：8 份

2 杯中筋麵粉
¼ 杯白砂糖
2 ¼ 茶匙泡打粉（baking powder）
½ 茶匙小蘇打粉
½ 茶匙鹽
2 顆蛋
2 杯白脫牛奶（buttermilk），或以椰奶、杏仁奶代替
¼ 杯融化的無鹽牛油
新鮮水果（香蕉切片、藍莓、巧克力豆。沒錯，巧克力是水果）
楓糖漿和打發鮮奶油

1. 麵粉過篩入碗中，放入糖、泡打粉、小蘇打粉和鹽。

2. 把蛋、白脫牛奶和牛油一起打發。倒入 1，稍微攪拌成有小結塊的麵糊。

3. 在長柄平底鍋裡放入牛油，以中火加熱，挖 ⅓ 杯麵糊到鍋裡，每面煎 2 ～ 3 分鐘。剷起煎好的鬆餅，隨意擺上新鮮水果或你喜歡的圖案（想更豐盛可以直接在麵糊裡加水果，如果你喜歡越多越好的話）。

4. 擺好盤的鬆餅澆上楓糖漿，擠上鮮奶油，然後和你愛的人一起享用這個美味豐盛的早餐。

食譜由 ABC 熱門影集《靈書妙探》男主角理查・凱索提供

理查・凱索寫了好幾本暢銷的偵探小說，其中有《熱浪》（Heat Wave）、《赤熱》（Naked Heat）、《炎熱》（Heat Rises）和《戴瑞克風暴三部曲》（Derrick Storm Trilogy）。他是紐約警局第十二分局的犯罪顧問，協助偵破各種光怪陸離的兇殺案。凱索和女兒及母親一起住在曼哈頓市中心，她們祖孫倆給他的生活帶來了許多歡樂和啟發。

譚米・凱勒

簡單好做的無麩香蕉麵包

香蕉是我們家的常備水果，但是它們常常被放到過熟。我不吃有黑點的過熟香蕉（我覺得噁心）。不過拿它們來做香蕉麵包倒是個不錯的注意。認識的人聽到我說要下廚的話，都會笑掉大牙的。所以為了不為難自己，這個食譜保證非常的容易。

這個食譜還有個賣點，我的腸胃不好，對麩質過敏，所以我用了無麩麵粉來代替一般的麵粉，另外還加了特夫麵粉（teff flour），它是由一種產於衣索比亞的穀物磨成，顏色很深，質地很稠密，含豐富的鈣、鐵、蛋白質和纖維，營養價值非常高。每一週我都要做這道無麩香蕉麵包，所以我會試試不同的方法或者材料。有時我會用紅糖取代白砂糖，看我的心情加入不同的食材，比如說香草、肉桂、核桃、胡桃或者巧克力豆（老實說，大部分都只放巧克力豆）。試吃的結果呢？一種充滿麵包口感的微甜蛋糕，不管是當早餐還是飯後點心都可以。當我趕稿寫小說時，特夫香蕉麵包就是我的能量補給。

提示：食材的使用從來沒有固定，準備的順序也很隨興，即使如此，每次烤出來的香蕉麵包總是令人大為驚喜，每一口都好吃。

材料：8～12 人份
1 杯中筋麵粉（一般或無麩皆可）
1 杯特夫麵粉
1 茶匙小蘇打粉
¼ 茶匙鹽
1 茶匙肉桂粉（可不用）
½ 杯軟化牛油
¾ 杯紅糖
2 ⅓ 杯壓碎的熟透香蕉（越熟越濕潤，麵包的香蕉味越濃）
2 顆蛋，打散
2 茶匙香草精（可不用）
各式核果或巧克力豆 ¼ 杯到 ½ 杯或更多（可不用）

1. 烤箱預熱到華氏 350 度，取一個 9 × 5 英寸吐司模，裡面抹點油或鋪上烘焙紙。

2. 在大碗中放入麵粉、小蘇打粉、鹽和肉桂粉輕輕拌均勻。

3. 把牛油和紅糖打到乳化的狀態。

4. 拿一個碗，把香蕉和蛋一起拌均勻後，加入乳化的奶油紅糖和香草精。把所有的食材攪拌得非常均勻。

5. 把 4 的麵糊倒入 2 和巧克力豆，攪拌均勻後倒入吐司模。

6. 送入烤箱烤 50～65 分鐘，用牙籤插入中央，取出沒有麵糊沾黏就表示烤好了。

7. 烤好的麵包要馬上脫模，放在網架上放涼至少 10 分鐘會更好吃。如果是用無麩麵粉，我會放涼 20 分鐘，因為無麩麵粉做的要涼了才好吃。

譚米・凱勒是凱特・瑞里推理（Kate Reilly Mystery）系列的創作者，藉由小說帶領讀者一窺賽車運動的競技、刺激，以及選手間彼此的激勵。她的前兩本創作不但獲得讀者讚賞，連專業賽車人士也給予相當高的評價，第三本作品是《犯規碰撞》（Avoidable Contact）。個人網站：www.tammykaehler.com。

凱倫・哈潑

樸素美味的夏南瓜麵包

為了第九本作品《素樸之人》（the Plain People）進行背景研究，我前往了亞米希人（Amish）居住的地方，除了調查他們的文化和生活習慣，也嘗試了他們的食物和當地的餐廳。雖然如亞米希人所言，他們的生活並非如「蛋糕或甜派」那樣輕鬆愉快，但自給自足生活的他們十分享受自己辛苦栽種的蔬果。這個櫛瓜食譜在我的家族流傳了很久，是由媽媽教給我的。作法非常容易，食材也很簡單，就像亞米希人的生活哲學一樣。

材料：2 條	1. 烤箱預熱到華氏 350 度，拿一個 9 × 5 × 3 英寸大小的玻璃或金屬烤盤，先抹油後撒上麵粉。

材料：2 條

1 杯蔬菜油
2 杯白砂糖
3 顆蛋，打散
3 杯中筋麵粉
¼ 茶匙泡打粉
1 茶匙小蘇打粉
1 茶匙鹽
1 茶匙肉桂粉
2 杯切碎的生夏南瓜
（zucchini，帶皮烤的顏色較漂亮）
1 杯切碎的核果（最好是核桃或胡桃）
2 茶匙香草精

1. 烤箱預熱到華氏 350 度，拿一個 9 × 5 × 3 英寸大小的玻璃或金屬烤盤，先抹油後撒上麵粉。

2. 在大碗中把所有的材料放入後，用湯匙攪拌均勻。

3. 把攪拌好的 2 倒入烤盤，放入烤箱烤 50 分鐘左右。用刀插入中央，抽出後沒有沾黏就代表烤好了。

4. 把烤盤放到網架上放涼，等不燙手後，把麵包倒扣出來，再放到網架上放涼即可。

凱倫・哈潑是《紐約時報》當代懸疑歷史小說類的暢銷作家，作品《黑暗天使》（Dark Angel）曾獲瑪莉海金斯克拉克獎。她的最新創作是《冷酷希臘三部曲》（Cold Creek Trilogy）、《破碎的祕密》（Shattered Secret）、《禁地》（Forbidden Ground）和《粉身碎骨》（Broken Bonds）。個人網站：www.karenharperauthor.com。

法蘭琪‧貝利

全麥野藍莓檸檬胡桃馬芬

《消逝的紅心 Q》（The Red Queen Dies）是我近未來警探小說系列的第一部作品，這個馬芬食譜就是從書中的一個場景衍生出來的。主角漢娜‧麥凱比（Hannah McCabe）是奧巴尼分局的警探，每天上班途中總要去一趟她最喜歡的糕餅店，站在櫃檯邊「吃著檸檬藍莓胡桃馬芬。這可是她一上午的活力來源，好吃得就像是用糖堆出來似的」。

我的朋友愛麗絲‧格林博士（Dr. Alice Green）是紐約奧巴尼司法中心的執行董事，這道食譜就是她提供的。愛麗絲的廚藝真是不得了，她試做了好幾個版本，讓家人當白老鼠試吃，才有這個完美的馬芬食譜。我自己試做時好幾次都忘了放藍莓，又因為找不到野生藍莓，我通常都用普通藍莓代替。即使如此，吃起來還是非常美味。

你最好提前幾個小時烤好馬芬，因為放涼後檸檬的味道會更濃郁。

材料：12 個	
◎馬芬◎ 1 顆蛋 1 杯脫脂牛奶 2 茶匙檸檬汁 ½ 杯原味無脂希臘優格 1 杯中筋麵粉 1 杯全麥麵粉 ¼ 杯白砂糖 2 茶匙泡打粉 1 茶匙鹽 ½ 杯切碎的胡桃 1 杯去核冷凍野藍莓或 ½ 新鮮野藍莓 ◎糖霜◎ 2 杯細糖粉 1 湯匙軟化的牛油 2 顆檸檬的汁	1. 烤箱預熱到華氏 400 度，為 12 個馬芬模底部抹油。 2. 蛋、牛奶和檸檬汁一起打發，然後加入優格攪拌均勻。 3. 把 2 和所有乾料（所有麵粉、烘焙粉、糖和鹽）一起攪拌均勻後，拌入胡桃和藍莓。混好的麵糊要有結塊，質地不要太滑順。 4. 把麵糊倒入馬芬模，每個倒 ⅔ 滿即可。烤 20 分鐘左右，等表面呈現金黃色，即可把馬芬倒出來放涼 5. 開始做糖霜。先把糖粉一點一點加到軟化的牛油中攪拌均勻，再慢慢加入檸檬汁，攪拌到呈乳化狀態。把檸檬糖霜均勻抹在放涼後的馬芬上，便大功告成。

法蘭琪‧貝利是一位犯罪學家，她的警探小說系列主角是漢娜‧麥凱比警探和犯罪歷史學家麗滋‧史都爾（Lizzie Stuart）。她的最新作品是《照她的方法》（In her Fashion）和《蒼蠅證人》（What the Fly Saw）。貝利曾擔任美國推理作家協會執行副會長，以及犯罪寫作姐妹會會長。

第二章

被害者獨自一人。房間門從裡面鎖上，沒有人可以進入或者離開，所有嫌疑犯都有不在場證明。所以，到底是誰帶進去這道開胃菜？

亞德俐娜·巴布

露比阿姨的葡萄葉包飯
（最美味的葡萄葉包飯，沒有之一！）

「彼德點了梅札（meza）——裝在大盤子的小菜拼盤，這樣一來蘇西可以跟我們分著吃（同時沒有人會注意到我吃了沒）：葡萄葉包飯（yalanchi）、酥皮千層（souboereg）、醃菜（tourshou）、燉肉丸子（keufteh）、碎肉烤餅（lahmajoon），另外還有可以用皮塔餅（pita）沾著吃的紅魚子泥沙拉（taramasalata）、鷹嘴豆泥（hummus）和粟米沙拉（tabouli）。我感覺好像又回到了遙遠的家鄉。」

雖然奧薩娜·摩爾（Ovsanna Moore）是阿美尼亞人，但是在《愛的印記》（Love Bites）書中，她卻不捧場自己祖國的美食。沒辦法，誰讓她是吸血鬼。

她真不知道這些東西可比血吃多了。這個葡萄葉包飯食譜是九十八歲的阿美尼亞裔露比阿姨傳給我的，《好萊塢的吸血鬼》（Vampyres of Hollywood）就是獻給她的小說，不過她卻沒時間讀，因為忙著做葡萄葉包飯，它們比奧薩娜的晚餐對象要好吃多了。不相信？自己動手做做看就知道。

材料：80 個	
2½ 磅洋蔥（5～6 個）切碎 1 杯橄欖油及少許用來澆在飯上 ⅓ 杯檸檬汁及少許用來澆在飯上 半把巴西利，切碎 幾支蒔蘿 2 杯長粳米 4 杯煮沸的水 適量鹽和胡椒 1 罐 1 公升裝軟葡萄葉	1. 把一個大鍋倒入橄欖油和切碎的洋蔥，把洋蔥炒到透明到要變金黃時加入檸檬汁、巴西利、蒔蘿草、長粳米和煮沸的水。加入鹽和胡椒調味後，一起煮到滾以後蓋上鍋蓋，用小火慢燉 30 分鐘到米煮熟後，放涼即可。 2. 把葡萄葉用水沖洗乾淨。一次撥開一片，把它攤平在盤子上或者工作台上，用湯匙挖一些煮好的米飯放在葡萄葉的中央，把葉子左右往中間對折，然後由葉柄往葉尖方向捲起。 3. 把捲好的葡萄葉包飯一個一個疊放在鍋子裡，放好以後再鋪上一層葡萄葉。最後倒入能覆蓋鍋底到鍋面的滾水。 4. 蓋上鍋蓋，用小火再煮 40 分鐘。 5. 煮好的葡萄葉包飯要放涼以後再吃，吃的時候再淋上橄欖油和檸檬汁會更美味。

亞德俐娜·巴布是一位得過獎的女演員，同時也是暢銷書作家和三個兒子的母親，出版過回憶錄《我有可能做得更糟》（There Are Worse Things I could do）。《好萊塢的吸血鬼》、《愛的印記》和《致我於死地》（Make Me Dead），都是她的吸血鬼偵探喜劇系列作。

犯罪小說的女皇
手掌毒藥的女祭司

槍、刀、斧頭、套索、棍子，這些都是克莉絲蒂小說裡經常出現的凶器，但是除了這些，我們的暢銷推理小說女皇最愛的，是毒藥。在她已出版的六十本創作中（全球銷售超過四十億本），超過三十本的受害者是被毒死的。

麥克‧傑拉德（Michael C. Gerald）在所著的《阿嘉莎‧克莉絲蒂的毒筆》（The Poisonous Pen of Agatha Christie）中提到，阿嘉莎在兩次世界大戰期間曾經在醫院裡當藥劑師，從中獲得了豐富的用藥知識，不管是好藥，還是毒藥。因為這樣的經歷，她得心應手地在小說裡以毒藥布局。順道一提，克莉絲蒂女爵士也是美國推理作家協會首位大師獎得主。在她的書中出現的毒藥有砒霜、顛茄（belladonna）、老鼠藥、炭疽、毛地黃、尼古丁、毒胡蘿蔔（hemlock）、蛇毒，和她最愛的氰化物（cyanide，出現在六本書中）。

下面提到的食物和飲料，都是她在書中經常用來布局下毒的：

咖啡｜茶｜熱可可｜琴酒｜啤酒｜威士忌
香檳｜葡萄酒｜波特酒｜牛奶｜水｜多層奶凍糕
巧克力｜無花果醬｜柑橘果醬｜咖哩

——**凱特‧懷特**

納爾遜・迪密爾

男子漢熱狗麵包

這個食譜來自於我最喜歡的約翰・柯瑞（John Corey）系列中的同名主角，他曾經是紐約警局兇殺組警探，後來轉換跑道為聯邦調查局反恐特別小組效力。之所以會發明這道食譜，是因為他順手牽羊了紐約第二大道某家酒吧的熱狗麵包，回家後在自家廚房試著複製這道美味小吃。柯瑞發現，首先要有好吃的熱狗，就是那種可以坐在電視前邊看著體育節目邊拿著吃的。可能的話，最好買肉販做的熱狗，因為他們的用料實在，而且是用真正的腸衣來灌絞肉。不過要是找不到的話，就用超市裡賣的現成的熱狗也可以，像 Nathan's、Ball Park、Sabrett 這些牌子都可以。

材料：8 人份

8 根熱狗
1 罐啤酒
適量辣椒粉
1 包 8 盎司裝 Pillsbury 牛角麵包卷
軟管裝法國黃芥末醬

1. 用尖銳的器具切開熱狗，或者也可以用鈍器，比如鏟子邊緣，把熱狗切成一口大小。記得要在表面堅硬的工作台上進行。

2. 把切好的熱狗放到碗裡，倒入一整罐啤酒浸泡，等啤酒泡沫消失後，把啤酒倒入玻璃杯裡瀝乾熱狗，把啤酒喝掉！

3. 泡過啤酒的熱狗撒上胡椒粉，這是柯瑞發現讓熱狗更好吃的祕密。

4. 拿出牛角麵包卷，照包裝袋上說明把熱狗塞進麵包卷裡，然後送進烤箱加熱。因為熱狗泡過啤酒，所以加熱時間要多加 5 分鐘，如果住在像丹佛一樣海拔較高的地方，那就多烤 10 分鐘。隨時用手電筒觀察烤箱裡的狀況，等麵包卷外皮顏色比熱狗稍淡即可。有點耐心！

5. 把 4 從烤箱或烤麵包機裡拿出來。絕對不要用微波爐加熱！因為啤酒的關係，微波爐加熱過的麵包卷味道會很奇怪，

6. 把烤好的麵包卷放到 2 泡熱狗的碗裡。如果你是準備給客人吃的話，記住，每個人都要有自己的一管法國黃芥末。絕對不要用那種很稠還帶芥末子的芥末醬，因為它們沒辦法黏在麵包卷上。

7. 剛出爐的麵包卷還很燙，就讓它們在你的雙手間滾來滾去，這樣很快就變冷了，然後就可以擠上芥末醬大口享用。別忘了配上冰涼的啤酒，精彩賽事即將開始！

納爾遜・迪密爾有十八本作品榮登《紐約時報》暢銷書榜，其中屬於約翰・柯瑞系列的有《棗子島》（Plum Island）、《獅子掠奪戰》（The Lion's Game）、《夜幕低垂》（Night Fall）、《野火》（Wild Fire）、《雄獅》（The Lion）和《獵豹》（The Panther）等。

凱特・懷特

狡猾的豆泥沾醬

我開始寫第一本推理小說時，正職是《柯夢波丹》（Cosmopolitan）雜誌總編輯。我知道，很瘋對吧。但是我覺得要是不開始第一步，我永遠也當不成一名推理作家。每天早上送小孩上學後，我會趁員工還沒來之前，把握時間在辦公室寫上一個小時。有時候正是因為能利用的時間有限，我反而更珍惜能寫作的空檔，集中精神去創作。

那時候我真的是忙瘋了（有一次竟然穿著兩隻不同的鞋子去上班！）時間寶貴，想要做的事情那麼多，所以我需要有效率地管理時間，任何可以讓生活和工作事半功倍的捷徑我都歡迎，特別是簡單方便的食譜，因為我喜歡下廚為家人和朋友準備美味的餐點。

這個食譜是跟我媽學的，她是一位了不起的女性，同時也是推理小說《深沉的祕密》（Secrets Dark and Deep）及《絕佳妙計》（Best Laid Plans）的作者。這道豆泥沾醬我做了好幾次，丈夫和小孩都很喜歡。我也試過變化不同的作法，不過還是這個版本最好吃，而且最容易做，即使是挑嘴的老饕朋友們，都會跟我要食譜嘗試做做看。

材料：6～8 人份	
1 罐 16 盎司裝炒豆泥 （refried beans） 1 罐 15 ½ 盎司裝莎莎醬 1 杯磨碎的切達起司 1 杯磨碎的蒙特利傑克起司 （Monterey Jack cheese） 適量玉米片或皮塔麵包	1. 烤箱預熱到華氏 350 度。 2. 取一個 8 英寸的烤盤，噴上一點油。 3. 把豆泥均勻鋪在烤盤上。 4. 把莎莎醬鋪在豆泥上。 5. 把 2 種起司放在莎莎醬上。 6. 送入烤箱烤 20～30 分鐘，直到起司冒泡並開始呈棕色為止。 7. 準備一籃玉米片或皮塔麵包，沾上熱騰騰的豆泥，開動啦！

凱特・懷特在成為專職推理小說家前，曾任《柯夢波丹》雜誌總編輯。她的貝莉・維金斯（Bailey Weggins）推理系列當中，有六本和其他的四本單行本曾榮登《紐約時報》暢銷排行榜，其中包括 2015 年最新的《抓錯人》（The Wrong Man）。她同時也是本書的編輯。

哈蘭・科本

老麥的蟹肉沾醬

在我的小說中，麥隆・波利塔（Myron Bolitar）是一位運動經紀人，對吃不怎麼講究。他的廚藝不行，品味也有限，像漢堡這種平民美食，他也只能說出「這漢堡肉也太生了吧，我都不好意思吃它」之類的評語。可能因為他的母親從來不做飯，所以味覺沒有受到好的薰陶。不過，沒多久麥隆就在同事韋恩的廚房裡發現這個食譜。熟悉韋恩的人都知道，他喜歡會做飯的女人，所以我們可以推測，這是韋恩眾多前女友之一曾經做給他吃的一道菜。

材料：18 人份	把所有食材全部放入鍋中，在爐火上加熱即可。這道沾醬要趁熱吃。
3 包 8 盎司裝奶油起司 3 罐 6 盎司裝蟹肉 ½ 杯 Miracle Whip 沙拉醬 2 茶匙法式芥末醬 ⅔ 杯不甜白葡萄酒 2 茶匙糖粉 1 茶匙洋蔥粉 少許勞瑞斯（Lawry）調味鹽 少許勞瑞斯大蒜鹽	**提示**：冷的吃也不錯。

知名的驚悚推理小說作家**哈蘭・科本**，作品全球發行量將近六千萬冊。他最新的七本連載小說甫一推出，即榮登《紐約時報》和全球各地暢銷書榜首：《你在哪裡》（Missing You）、《別找到我》（Six Years）、《不要脫隊》（Stay Close）、《全場監控》（Live Wire）、《原諒》（Caught），和《失蹤已久》（Long Lost）及《抓緊》（Hold Tight）。

凱瑟琳・柯特爾

爆炸好吃的酪梨沾醬

這道食譜會讓你變成全宇宙最精通酪梨沾醬的專家！沒錯，在《搭便車到銀河系的指南》（The Hitchhiker's Guide to the Galaxy）一書中，還標記了這道食譜（嗯，本來就該要的）。在我的聯邦調查局系列，那些探員每到足球賽開打的星期天，就會約好到賽維奇（Savich）和夏洛克（Sherlock）家吃酪梨沾醬看球賽（我自己寫到這裡就開始流口水了）。要我什麼都不吃看完整場球賽，那是不可能的，所以只要照著這道食譜按部就班，你一定可以輕鬆做出讓人讚不絕口、無敵好吃的酪梨沾醬。更棒的是，酪梨名列十五種最完美的食物之一，這個神奇綠色產品可是受到全世界營養專家的推崇。

材料：4 人份	
2 ～ 3 個成熟的酪梨 足夠浸泡所有酪梨的檸檬汁 2 個羅馬番茄（Roma tomatoes） 大量青蔥或紅洋蔥 調味用的鹽、黑胡椒和大蒜鹽 1 湯匙脫脂酸奶油 3 滴塔巴斯科醬（Tabasco） 少許 Miracle Whip 牌低脂沙拉醬 適量玉米片（我喜歡 Primavera 牌的）	1. 把所有的酪梨切開，去核，搗碎後馬上擠入大量檸檬汁。 2. 番茄切丁，去掉所有的汁液，加到酪梨裡。 3. 青蔥切細，加到酪梨裡。 4. 加入鹽巴、胡椒、大蒜鹽、酸奶油和塔巴斯科醬，試試味道，看需不需加別的。最好找一男一女同時試，再由你來決定。 5. 加一匙低脂沙拉醬，不用太多，只要讓沾醬的質地更滑順，顏色稍淡即可。 6. 烤箱加熱到華氏 400 度，放入玉米片加熱約 5 分鐘後（注意別烤焦）取出，加鹽和胡椒粉調味。 7. 打開電視，調到足球比賽頻道，叫大夥兒過來吃。 8. 一邊吃著無敵好吃的酪梨沾醬配玉米片，一邊看我的小說更配。極樂世界，不過如此！

《紐約時報》暢銷書榜常勝軍的**凱瑟琳・柯特爾**已出版七十二本著作，其中《角力戰》（Power Play）是聯邦調查局系列的第十八本。她還自我挑戰，創作一個新的動作推理小說系列──聯邦調查局裡的英國佬（A Brit in the FBI），最新作品是《丟失的鑰匙》（Lost Key）。

桑德拉・布朗

神祕的薄脆餅

我在三十年前開始寫推理小說時，瑪麗・蓮恩・貝斯特（Mary Lynn Baxter）是我當時的精神導師和貴人。瑪麗在德州一個人口僅三萬人的路夫金市（Lufkin）開了一家獨立書店。連遠在紐約的出版社編輯們都知道她這個人，全因瑪麗在這個小地方所創造出的驚人業績。許多編輯經常寄手稿給她，聽取她的專業意見，特別是新進作家的手稿。

我第一次遇見瑪麗是在休士頓的一個作家研討會上，當時我還沒出版任何作品。閒聊中她主動提起想閱讀我已完成的書稿，跟她熟識後，我知道她並非講客氣話，因為她就是這麼一個坦率真誠的人。她說：「我會告訴妳是不是有當作家的潛力。」

我把書稿寄給她，她讀了以後非常喜歡，打電話給奔騰（Bantam）出版社的編輯，叮嚀她把我之前的投稿找出來。後來這個編輯不只買下那份書稿，還買了我之前的四份書稿。

瑪麗的這份知遇之恩，我永遠無法償還，就連這份食譜也是她傳授給我的。

我的下廚原則是，只處理不超過五樣食材的食譜，而這道食譜扣掉脆餅，只有四樣食材，可以當作晚宴開胃菜，也可以在寫作時做這道薄脆餅。我會多做一點，冰在辦公室的冰箱裡當點心吃，困乏的時候也會吃一點來提振精神。

材料：40 份	
1 ⅓ 杯蔬菜油 1 包農場綜合調味粉（ranch dressing mix） 1 ～ 2 湯匙卡宴辣椒粉（cayenne）或紅辣椒粉（看你想要多辣） 1 包 1 磅裝 Premium 牌蘇打餅乾	1. 把蔬菜油、綜合調味粉和辣椒粉混合均勻。 2. 把蘇打餅乾丟進密封袋中，倒入 1 的調味料。密封後搖晃袋子，讓餅乾均勻裹上調味料。 3. 讓餅乾在密封袋裡靜置 6 ～ 8 小時，隔一段時間就搖晃一下袋子，讓餅乾完全吸收調味料。神奇的是，沾了調味料的餅乾口感還是很酥脆，一點都不會濕濕軟軟的。究竟是什麼原因我不知道，所以才稱作「神祕的薄脆餅」。

桑德拉・布朗是前一屆美國推理作家協會會長，超過六十本作品曾登上《紐約時報》暢銷榜，全球銷量總計超過八千萬本，其中有三本作品被改編成電視影集。她同時是兩個犯罪紀錄片的客座主持人，最新作品是《卑劣之徒》（Mean Streak）。

蘿拉・李普曼

艾菲姨媽的鮭魚球

我的艾菲姨媽是位了不起的人物，笑聲爽朗的她性格堅強如剛木蘭。她是第一位讓我相信自己其實是挺風趣的人。艾菲姨媽在三姊妹中排行老二，成長於喬治亞州斯莫鎮一個全是女人的家庭——我曾祖母很年輕時就守寡了。艾菲姨媽自己也守寡兩次，清楚地知道靠自己最實在，最終獨自養大女兒和曾孫女，也是個全女人家庭。她們家養了一隻叫約翰的獅子狗，她們給牠塗上了指甲油，可憐的東西！

艾菲阿姨很能幹，她是一個最棒的女主人，我最喜歡的兩道菜都是她教我的：起司條和鮭魚球。然而，經過不斷的嘗試和失敗，我已經放棄把鮭魚碎肉揉成球這件事，而是改成把它直接放在小碟子裡。事實上，放在碟子裡反而是個更好的主意，因為這樣很適合當作給訪客的伴手禮，做起來簡單且大家都喜歡。它算不上健康食物，怕胖的話，可用低脂奶油起司代替。

我經常四處奔波，有時候在外地想做這道菜，手邊卻沒食譜，還好艾菲姨媽的鮭魚球食譜非常容易又好記，這也是我喜歡它的原因。

材料：8 ~ 10 人份	
1 茶匙洋蔥酥	1. 把洋蔥酥放在檸檬汁裡泡 5 分鐘。
1 湯匙檸檬汁	2. 瀝乾鮭魚罐頭的汁液，把鮭魚和奶油起司一起攪拌均勻。
1 罐大的鮭魚罐頭（約 15 盎司）	3. 拌入 1 的洋蔥酥，加入伍斯特醬、辣根和煙燻液，視個人口味再加以調味。
8 盎司奶油起司	4. 如果你膽大心細，可以嘗試把鮭魚肉揉成一個球，然後均勻沾上杏仁和巴西利。我老早就放棄這個步驟，因為從來沒成功過。不過後來我發現，如果把調味好的鮭魚肉先冷藏一會兒，成型的機率比較大。話雖如此，我都是直接把它放入漂亮的容器，然後送進冰箱冷藏幾個小時。這道菜可以跟蘇打餅乾一起吃，跟雞尾酒或辣馬丁尼也很搭。隔夜的鮭魚球則可以搭配貝果一起吃。
1 茶匙伍斯特醬（Worcestershire sauce）	
1 茶匙辣根（horseradish）末	
1 茶匙煙燻液（liquid smoke，有的話）	
杏仁條（可不用）	
切碎的巴西利（可不用）	

蘿拉・李普曼至今已經出版了十九本推理小說，也曾獲獎，最新的作品《當我走了以後》（After I'm Gone）是《紐約時報》的暢銷書。她分別住在巴爾的摩和紐約兩地。

蘇珊・鮑伊爾

老媽的甜椒起司醬

甜椒起司醬是南方菜裡的基石。我小時候吃三明治，裡面夾的就是它，講究一點的話，我們家會把三明治外層抹上奶油，然後放到平底鍋裡焗烤。一想到熱騰騰的焗烤甜椒起司醬三明治配上番茄湯，我的口水就氾濫得像一隻巴夫洛夫（Pavlov）之犬。有時候我母親也會換換口味，在三明治裡放芹菜條。如今那些標榜創新南方菜的餐廳，他們不管什麼菜都要放甜椒起司醬，從油炸綠番茄到炸薯條。

我的私家南方特派員利茲・塔博特（Liz Talbot）跟我一樣，都愛死了甜椒起司醬，不管那種吃法都喜歡，不過她最喜歡的是她老媽的版本。在《鄉下炸彈》（Lowcountry Bombshell）這本書裡，利茲的老媽卡洛萊總是會準備很多的甜椒起司沾醬，確定每個人都吃得到。利茲自己總是要吃上一大碗，她說老媽的甜椒起司醬這麼好吃，沒有人會去在乎卡路里的問題。

我自己的甜椒起司沾醬，其實是和我的弟媳在一次家族聖誕聚會中，無意間喝酒閒聊出來的。她很愛甜椒起司，也很愛用它來做菜。她做菜和我一樣，不拘小節，什麼都加一點。我的這個版本分量很足，絕對夠一堆人吃。準備時間大概才一個小時，做好放在冰箱冷藏可以冰好幾個星期。自己動手做做看，我希望你會像我和利茲一樣喜歡上它。

材料：3 公升的分量

1 罐 16 盎司裝甜椒丁

2 磅威斯康辛紅皮起司
（Wisconsin red hoop cheese）

1 磅佛蒙特白切達起司
（Vermont white cheddar cheese）

1½ 磅陳年白切達起司（味濃，帶堅果味）

½ 磅特濃黃切達起司

8 盎司軟化奶油起司

2½ 杯美乃滋（我偏愛 Duke 牌的）

½ 杯酸奶油

½ 顆甜洋蔥，切碎至糊狀（要留汁）

---

1. 用較細的篩網瀝乾罐頭裡的甜椒丁。

2. 把起司都切成絲，全部放入大碗後備用。

3. 用電動攪拌器打發奶油起司。

4. 把美乃滋、酸奶油、洋蔥泥一樣一樣地加到 4 裡拌均勻。

5. 加入鹽、黑胡椒、紅椒粉、沃斯特辣醬和大蒜粉調味並攪拌均勻。

6. 倒入 2 的起司，一起攪拌到所有乾起司都變濕潤，變成平滑的抹醬質地。

7. 拌入 1 的甜椒丁和細香蔥。

8. 拌好的起司抹醬覆蓋上保鮮膜，放入冰箱冷藏至少 4 小時。如果冰一個晚上，抹醬會相當硬實。做好的抹醬冷藏可以保存幾個星期，不過我們總是很快就吃完了。我也會把抹醬分裝在小容器裡，送給親朋好友。

1 茶匙海鹽

¾ 茶匙黑胡椒粉

1 茶匙紅辣椒粉

1 湯匙又 1 茶匙伍斯特醬

1 茶匙大蒜粉

3 湯匙細香蔥末（chives）

抹在蘇打餅乾、皮塔麵包上，或用芹菜條沾著吃，什麼都很搭。還有，別忘了幫自己做個焗烤甜椒丁醬三明治，配個番茄湯，這是最棒的組合了。

提示：不要買現成的刨絲起司來用，味道會大打折扣，相信我。你可以視個人口味換用別的起司。

蘇珊・鮑伊爾創作了利茲・塔博特推理系列。她的第一本小說《群情憤慨》（Lowcountry Boil）榮登《今日美國》（USA Today）最佳暢銷書，並且獲得阿嘉莎獎最佳首作。《鄉下炸彈》是這個系列的第二本，《鄉下墳場》（Lowcountry Boneyard）預計於 2015 年出版。蘇珊和先生住在南卡羅萊納州的格林威爾，滿屋子的綠色植物，門牌號碼不詳。想要了解更多，可上她的網站：www.susanmboyerbooks.com。

凱瑟琳・安崔姆

超濃起司蒜味朝鮮薊沾醬

在我的小說《死刑》（Capital Offense）中，主角傑克・洛德利（Jack Rudley）是一名能說五國語言的記者。傑克出生在中西部的密蘇里州，父親是一名外交官，因此自小見多識廣，品味不凡，嘗遍了世界各地的美食。不過，他最喜歡的還是母親親手做的中西部家常菜，這道菜正是他的最愛。每到他生日那一天，不管他們當時在哪裡，他一定要吃到這道沾醬。希望喜歡他的讀者也會愛屋及烏地享受這道美味的開胃菜。

材料：6～8 人份	
1 個大的圓形酸麵包 2 湯匙牛油 1 把青蔥，切碎 12 瓣大蒜，壓碎 8 盎司奶油起司，室溫軟化，切成小丁 1 杯酸奶油 1 杯中度熟成切達起司，刨絲 2 罐 10 盎司裝水漬朝鮮薊心，瀝乾水分後切開 2 條酸麵團做成的棍子麵包，切成薄圓片	1. 烤箱預熱到華式 350 度。 2. 把圓形酸麵包頂部的中間開一個洞後，把中間的麵包盡量挖出來，讓麵包變成一個碗，我們要拿它來放沾醬，挖掉的麵包頂留著備用。 3. 平底鍋加熱融化奶油後，放入切碎的青蔥炒 1～2 分鐘後加入大蒜再炒 1～2 分鐘，炒到蔥變軟，大蒜出現香氣即可。 4. 在大碗中放入奶油起司、酸奶油、切達起司和炒過的蔥和大蒜一起攪拌均勻。 5. 把瀝乾的朝鮮薊加入 4，一起拌勻。 6. 把拌勻的 5 放到中空的麵包盅裡，然後蓋上麵包蓋。 7. 把蓋好的麵包盅用錫箔紙包兩層後放到烤箱烤 90 分鐘到 2 小時。 8. 時間到後，撕開錫箔紙，準備好切片的法國麵包，好好享用美味的沾醬。

凱瑟琳・安崔姆的作品《死刑》除了是暢銷書，也曾獲獎。她曾為在舊金山和華盛頓特區的報紙《檢查員》（Examiner）擔任評論員，上過廣播節目《熱議 560》（HotTalk 560）及帶狀節目《戰線》（Battle Line）。安崔姆是國際驚悚作家協會（International Thriller Writers，簡稱 ITW）前會長，及該協會美國聯合服務組織（ITW-USO）的主席，也是舊金山作家大會（San Francisco Writers Conference）執行委員之一。

凱特琳‧霍爾‧佩吉

苦菊苣葉鑲山羊起司抹醬和石榴籽

我筆下的新手偵探費絲‧菲爾柴德（Faith Fairchild），其正職是餐飲外燴，因此從第一本《鐘樓上的屍體》（The Body in the Belfry）開始，食物就在書中佔有重要的一席之地。讀者常跟我說，讀我的書總是越讀越餓。費絲是道地紐約客，從沒想過要離開這顆大蘋果，沒想到在辦婚禮外燴時，與主持儀式的新英格蘭牧師墜入愛河。沒多久，她就搬到四處是果園且充滿田園風光的波士頓郊區，在那裡重新展開外燴事業。她決心要給一成不變的新英格蘭飲食（例如蔬菜牛腩〔boiled dinner〕、鮮紅的香腸和莫西汽水〔Moxie〕）帶來新氣象。這道開胃菜是典型的費絲風格，好看、美味又簡單，優異的擺盤凸顯出每一項食材。

材料：6 人份

2 顆苦菊苣（endive，挑新鮮或蒂頭緊實的，帶點紫色的品種擺盤時較好看）

適量巴薩米克醋

5 盎司新鮮山羊奶起司（chèvre），室溫軟化

4 盎司奶油起司，室溫軟化

1 湯匙低脂鮮奶油（light cream）或半全脂牛奶（half-and-half）

石榴籽

---

1. 把苦菊苣外面的葉子剝掉，底部用刀修薄些，這樣比較容易剝下葉子。較小的葉片可留作下一餐的沙拉。

2. 剝好的菜葉輕輕刷上醋，在漂亮的大盤子上擺好。

3. 把兩種起司和低脂鮮奶油放入食物調理機，打到呈奶油狀。注意，你可以事先做好後放入冰箱冷藏，要用時再拿出來在室溫下回溫。

4. 把 3 放入擠花袋（也可以用湯匙弄），在菜葉最寬的一端擠出大約 1 湯匙的分量。放上石榴籽。想要變化的話，也可以放核桃、新鮮無花果切片或糖漬薑。若是正當季，放草莓切片也很棒。

凱特琳‧霍爾‧佩吉是二十一本費絲‧菲爾柴德推理系列的作者，她的作品還包括五本寫給青少年讀者的推理小說，以及放心下廚（Have Faith in Your Kitchen）系列食譜書。她曾獲得阿嘉莎獎最佳首作、最佳小說和最佳短篇故事等獎項，也曾獲愛倫坡獎、瑪麗海金斯克拉克獎和麥卡維帝獎及其他獎項提名。她的最新作品是短篇小說集《小菜》（Small Paltes）。個人網站：www.katherine-hall-page.org。

湯與沙拉

第三章

我們有兩個高明的騙子，此外還有一隻賊貓、一組開鎖工具、一個贋品大師，以及一鍋蔬菜高湯。要是我們搞不定這鍋湯，其他的人也休想。

莉亞・韋特

好吃得要命的緬因海鮮巧達濃湯

這道食譜是我奶奶傳下來的，直到現在它依舊是我最愛的晚餐之一。你可以提前一天做好後冰著，隔天要喝的時候再加熱即可。省下來的時間可以悠閒地看拍賣會，逛跳蚤市場，或者去沙灘散步。當我們有訪客即將造訪緬因州時，這就是我們的待客餐點，因為不知道他們什麼時候會到。在我的避難港（Haven Harbor）小說中，當格蘭・艾斯特・柯提斯（Gram Estelle Curis）與十年不見的孫女團圓時，準備的正是這道巧達濃湯。

材料：視人數多寡調整

4 ～ 5 片生培根，切小塊
3 瓣大蒜，切丁
½ 茶匙或適量的鹽
1 茶匙或適量的黑胡椒粉
1 茶匙或適量的卡宴辣椒粉

◎單份湯料◎
½ 個洋蔥，切丁
1 杯龍蝦湯或蛤蜊湯、雞湯
2 個中型馬鈴薯，切成 1 英寸大小
½ 磅白肉魚（黑線鱈魚尤佳），切成 ¾ 英寸大小
½ 磅明蝦或龍蝦肉，切成 ¾ 英寸大小
½ 杯低脂鮮奶油
2 湯匙切碎的新鮮巴西利

1. 用大鍋炒熱培根。加入洋蔥和大蒜後，轉中火繼續炒，直到洋蔥變透明即可。

2. 倒入龍蝦湯，加入馬鈴薯（如果湯沒有蓋過馬鈴薯就加水補滿）。加入鹽、黑胡椒粉和辣椒粉後，煮到滾。

3. 轉小火續煮約 10 分鐘，或煮到可以輕易用叉子穿透馬鈴薯的程度。

4. 加入魚和龍蝦後繼續煮 5 ～ 10 分鐘，直到肉都熟透，然後加入低脂鮮奶油煮到滾即可。

5. 撒入巴西利，裝在碗裡配小鹹餅（oyster crackers）或法國麵包。

緬因州土生土長的**莉亞・維特**，作品有暗影古董推理（Shadows Antique Mystery）系列、緬因針線活（Mainely Needlework）系列，和專為八至十四歲讀者寫的關於十九世紀緬因州的歷史小說。不妨去她的網站 www.leawait.com 看看，或加她為臉書好友，以及瀏覽她和其他推理作家一起經營的部落格：www.maincrimewriters.com。

康妮・亞契

朝鮮薊龍蒿雞湯

當我的愛湯族推理（Soup Lover's Mystery）系列第一本書發行沒多久，有一個讀者透過臉書告訴我，當他發現在《滿勺湯店》（Spoonful Soup Shop）書裡竟然找不到主廚的那道朝鮮薊龍蒿雞湯食譜時，他非常的失望。我馬上翻箱倒櫃尋找食譜，總算是被我找到了。我先照著食譜煮一遍，確定味道沒問題。這道雞湯的味道真是讓人驚豔，現在是我個人最喜歡的湯品之一。

材料：6 人份	
2 湯匙牛油	1. 拿一個大鍋加熱牛油，放入紅蔥頭和龍蒿炒幾分鐘。
1 個紅蔥頭，切碎	2. 鍋裡接著放入雞肉再炒幾分鐘，炒到味道出來即可。
2 滿湯匙的乾龍蒿（新鮮的更好）	3. 倒入白酒再煮 1 分鐘。
2 片去皮無骨雞胸肉，切成一口大小	4. 加入雞湯或雞高湯用文火煮大概 15 分鐘，煮到雞肉可以用叉子穿過即可。撈出雞肉在旁邊放涼。
½ 杯不甜白葡萄酒	5. 把朝鮮薊和薏仁放入湯中，用小火再煮 15 分鐘。
4 杯雞湯（broth）或雞高湯（stock）	6. 關火，蓋上鍋蓋，讓薏仁在湯裡燜煮 30 分鐘左右，等到薏仁吸收湯汁變大，舀一點薏仁試吃看看有沒有軟透。
10 ～ 12 盎司水漬朝鮮薊心罐頭	7. 鍋子裡的湯放涼後，用攪拌機打碎。
½ 杯乾薏仁（用米飯代替也可以）	8. 把打碎的雞湯和雞肉丁再放回湯鍋裡一起加熱，放上新鮮龍蒿裝飾。
新鮮龍蒿，裝飾用	

康妮・迪馬可（Connie Di Marco）以**康妮・亞契**之名在 Berkley Prime Crime 出版社出版了全美暢銷的愛湯族推理系列。你可以上她的個人網站 www.conniearcherymysteries.com 閱讀她的作品和各種湯品的食譜。

J・T・艾利森

檸檬蛋黃醬雞湯

實在很不好意思承認我一直都不擅長煮湯，雖然我自認是一名廚師。我一直很怕煮湯，因為看我媽媽煮雞湯（特別是火雞）的時候，總是要用到雞骨頭和雞架子。我可以在我的書裡寫屍體，但是現實生活中我不想和它們有任何接觸。幾年前我無意間從一本雜誌上看到用雞胸肉做雞肉湯品，不用雞骨頭，用現成的高湯，我馬上決定要來試試看。省掉自己用雞骨頭來熬高湯這兩個步驟，我終於也可以動手做一鍋湯了。

檸檬蛋黃醬雞湯這道希臘風味的雞湯，並不是我最早嘗試的食譜。我從 Pinterest 上看到友人貝特西・科赫（Besty Koch）貼了這道食譜，那時我正好重感冒，很想要喝熱騰騰的湯，家裡剛好又有一堆檸檬，這款適合冬天的暖胃湯品就此誕生。當然為了迎合我個人的口味，所以我做了一些修正，比如說只用雞胸肉，並加重檸檬的味道。除了這些，不要忘了還有根莖類的蔬菜（如胡蘿蔔、芹菜和洋蔥）也很重要。這是一道加重檸檬味的檸檬蛋黃醬雞湯，如果你不喜歡太酸的，把檸檬汁的分量減到四分之一杯，之後再看情況調味。提示：如果你用超過半杯的檸檬汁的話，檸檬的味道會隨著湯變濃加重。新鮮的巴西利或蒔蘿可以提升這道湯品的風味，而不只是裝飾，一定不要省略。

材料：6～8人份

2 湯匙特級初榨橄欖油（再多加一點來煎雞肉）

½ 顆中等大小洋蔥，切丁

2 支芹菜，切丁

2 支大胡蘿蔔，切丁

2 片大的雞胸肉，切成 2～3 英寸的大小，厚度一致，用大量的鹽和胡椒粉調味

2 公升雞高湯

1 杯米，義大利圓米（arborio）或米粒麵（長梗棕米也可以）

2 茶匙鹽

3 顆蛋，打散

½ 杯新鮮檸檬汁（約 2 顆檸檬）

1～2 茶匙黑胡椒粉

新鮮的巴西利或者蒔蘿調味

1. 拿一個大鍋，倒入橄欖油，用中火把洋蔥、芹菜、胡蘿蔔炒軟，大概 5 分鐘即可。加入切塊的雞胸肉和 1 湯匙的橄欖油，如果太乾的話。把雞肉兩面煎到焦黃，同時要記得翻炒蔬菜，不要讓它們焦掉。

2. 倒入雞高湯，放入米和 1 茶匙的鹽調味後，慢慢煮到滾後轉小火煮 30 分鐘。

3. 拿一個小碗，舀出 1½ 杯的高湯放涼備用，用鉗子挾出雞肉，用叉子把肉剝絲。

4. 拿一個中等大小的碗，把蛋和檸檬汁一起打散，把 3 放涼備用的雞湯倒 ¼ 杯到蛋液裡，邊倒邊攪拌，這樣蛋液不會遇熱變成蛋花，重複這個步驟，慢慢地把剩下的雞湯倒到蛋液裡。將所有蛋液和雞湯均勻攪拌後，再慢慢倒回湯鍋裡，然後快速攪拌幾下。

5. 把剝成絲的雞肉放回鍋裡，用小火慢慢加熱，但是切記不要滾。用黑胡椒粉和剩下的 1 茶匙鹽調味。撒上新鮮的巴西利或蒔蘿，趁熱大口喝。

J・T・艾利森（J. T. Ellison）是《紐約時報》最佳暢銷書作者，她的短篇小說被翻譯成好幾個語言，在二十個國家以上出版。她的小說《冷房》（The Cold Room）獲得了國際驚悚作家協會獎的最佳原創平裝本，《死亡偽證》（Where All Dead Thing Lie）曾獲得麗塔獎（RITA Award）最佳浪漫推理小說提名。她現在和丈夫住在納許維爾（Nashville），個人創作網站是 www.jtellsion.com。

貝克街上的食探

在閱讀《福爾摩斯歷險記》（The Adventures of Sherlock Holmes）時，你會發現原來這位大偵探也是個老饕。他喜歡在如辛普森餐廳*（Simpson's）這樣有格調的地方享用英國菜——經典的英式烤牛肉、烤松雞和烤羊肉等。福爾摩斯的房東赫德遜太太，常常為他準備豐盛的飯菜。在「海軍密約」（In the Naval Treaty）一案中，福爾摩斯指出：「她的廚藝有限，不過她的早餐好吃得跟蘇格蘭女人做的一樣。」道地的蘇格蘭早餐有煎蛋、炒蘑菇、香腸、培根、司康餅和茄汁豆。

在福爾摩斯好幾個案子裡，有時食物成了破案關鍵。他在「垂死的警探」（The Dying Detective）一案中有好幾天不吃東西，偽裝成溺水的虛弱樣子，就會了騙倒一名惡棍。

在「花斑帶」（The Speckled Band）一案中，他利用一碟牛奶引出房子裡喜歡喝牛奶的毒蛇。

福爾摩斯當然也知道牛奶在監獄中常被利用的方式——用來寫字。牛奶乾掉以後就看不見了，但是用油燈加熱字跡，會讓牛奶中的脂肪變焦黃，這樣就看得到字了。

——E. J. 華格納（E. J. Wagner）
犯罪歷史學家及《福爾摩斯的辦案科學》（The Science of Sherlock Holmes）作者

溫蒂・霍恩斯比

瑪麗奶奶的蔬菜冷湯

我的家人都很喜歡法式大蔥馬鈴薯濃湯，下面的食譜就是以這道濃湯的作法為基礎。這道湯品最早叫作巴黎風味湯（potage parisien）而不是蔬菜冷湯（vichoyssoise），因為它本來是一道熱湯而不是冷湯。不管是熱湯還是冷湯，都一樣好喝。

有個冬天我到諾曼第去旅行，同時為馬姬・麥高文推理（Maggie MacGowen Mystery）系列的《情夫的女兒》（The Paramour's Daughter）一書做背景研究，我們發現當地好吃的餐點都使用了在地的新鮮根莖蔬菜。在一個非常寒冷的夜晚用新鮮根莖蔬菜煮成的濃湯，就是下面那道食譜的初始。感謝教我做這道湯的廚師，自此以後，這就是我的常備湯品。在《情夫的女兒》書中，我安排了馬姬的法國教母在農莊廚房裡煮了一大鍋湯，因為我知道這是每個法國媽媽都會煮的。

煮湯就要煮一大鍋，特別是這道湯。找一個星期天，煮一大鍋湯，接下來的一週就不擔心要吃什麼啦，尤其濃湯會越煮越好吃。如果你在步驟 5 之前把部分的湯先裝好冷凍，就可以隨時在寒冷的冬天裡喝上美味的濃湯。趕快動手吧！

材料：8～10 人份

- 4 片優質厚切培根，像是蘋果木燻製的，剪成 1 英寸長，再加上 2 片完整的用來裝飾
- 2 湯匙橄欖油
- 1 磅大蔥，縱向對半切後仔細洗乾淨，然後切成 1 英寸長
- 3～4 瓣大蒜，壓碎或者切碎
- 3 支芹菜莖，切成 1 英寸長，或者 1 杯芹菜根也可以
- 1～2 磅的白色馬鈴薯，切成 1 英寸厚的圓片。
- 2 根胡蘿蔔，切成 1 英寸長，也可以用 1 杯的地瓜或甜薯丁代替
- 2～3 磅下列任一種根莖蔬菜，但是不要選用味道強烈的，切片、切丁皆可：
  1 個小蕪菁、2 根歐洲蘿蔔（parsnip）、1 個小黃蕪菁（rutabaga）、1 個中型洋蔥

1. 拿一個湯鍋，把切碎的培根丟進去用中火炒到透明後，倒入橄欖油，再加入大蔥、大蒜和芹菜（或芹菜根）。蓋上鍋蓋，煮 5～8 分鐘到大蔥出水即可。

2. 加入其他蔬菜，倒入高湯和水後，把鍋裡的湯料攪拌均勻，確定培根沒有黏鍋後，開大火煮到滾以後，馬上轉小火，然後蓋上鍋蓋，燜煮 2 個小時左右，要記得不時掀蓋攪動湯料，也不要讓湯再煮到滾起來。如果太滾了，就再加點冷水或者高湯降低溫度。

3. 當湯在爐火上燜煮時，拿一個小炒鍋把另外兩片培根煎到香脆後，產起，放涼後撥碎最後裝飾用。看個人喜好，也可以多加 1 湯匙現成的培根碎到湯裡。

4. 把湯從爐火上移開。用手持攪拌棒直接把鍋裡的湯料打碎成柔滑的狀態。如果你用的是立式的果汁機，或者是食物調理機，記得要分次的把熱湯倒進去打碎，如果太濃就加點水稀釋。如果太稀，就讓它再煮一會兒到你想要的稠度。煮好後馬上把湯從火爐上移開。

至少 2 公升上等雞高湯或蔬菜
高湯

至少 1 公升的水

1 杯鮮奶油、白脫牛奶或者希
臘優格

½ 杯品質好的不甜白葡萄酒
（不一定要用）

3 湯匙牛油

鹽和黑胡椒粉調味（加一小撮
奇波雷辣椒粉〔chipotle〕
或卡宴辣椒粉也無妨）

1 茶匙裝飾用的切碎新鮮香
草，像是羅勒、巴西利或者
百里香（沒有也無妨）

5. 加鮮奶油、白葡萄酒（如果有的話）、牛油、鹽和胡椒粉調味，再加入墨西哥辣椒粉或者卡宴辣椒粉，如果你有的話。舀一大勺到湯碗裡，每一碗加上一小坨鮮奶油和撒上培根碎。如果你有新鮮香草的話，也撒一點吧。

提示：所有的濃湯都是放隔夜後更好喝。你可以提早做好，冰箱冷藏可以放 3 天。要冷凍的話，就不要加鮮奶油。要加熱時，把要喝的量先舀出來，然後再加入適當比例的鮮奶油、白葡萄酒和牛油一起加熱。試過味道後修正調味料的用量，然後照步驟 5 來完成。如果你要再加熱已經調味過的湯，最好用小火，如果太稠就再加高湯和一點點的鮮奶油。

溫蒂・霍恩斯比曾獲得愛倫坡獎，她的作品有馬姬・麥高文、凱特與台赫達（Kate and Tejeda）推理系列以及其他短篇小說。她早期出版的馬姬・麥高文系列在 mysterious press.com 上有電子版，最新的作品是《光的顏色》（The Color of Light，Perseverance Press 於 2014 出版）。

大衛・豪斯萊特

玉米巧達濃湯

當一個犯罪小說家的好處就是可以在家工作,所以有時間在家煮飯,這也是我最喜歡做的事情之一。在我當前系列小說中的主角,羅素莫爾・麥肯錫(Rushmore McKenzie)也喜歡烹飪,常常請朋友到家裡吃飯,展現他的廚藝。他在書裡煮的菜,都是我自己親身煮過的,包括這道玉米巧達濃湯就是我的年度聖誕晚宴的菜品之一。有廚藝精通的,也有人一竅不通的,我的另一個系列的主角——赫藍・泰勒(Holland Taylor)連微波爐也不會用,你可以想像他的廚藝水準。

材料:6 ~ 8 人份	
3 杯水 4 杯切丁馬鈴薯 2 杯切丁胡蘿蔔 1 茶匙鹽 ½ 茶匙黑胡椒粉 ½ 茶匙乾的百里香 ¼ 杯(½ 條)牛油 ¼ 杯麵粉 2 杯牛奶 2 罐玉米醬 2 杯刨絲的切達起司 1 磅培根,煎到香脆後,撥碎備用。	1. 拿一個大湯鍋,放入馬鈴薯、胡蘿蔔,然後調味,開火煮到蔬菜變軟。 2. 另外拿一個小湯鍋,用小火融化牛油,加入麵粉一起炒到冒泡後,加入牛奶,然後煮到滾,滾 1 分鐘即可。 3. 把煮好的白湯底加到炒軟的蔬菜裡,加入玉米醬、起司和培根加熱到起司融化即可。

大衛・豪斯萊特在轉行寫小說之前,曾經當過記者和從事廣告業,他的作品曾獲得愛倫坡獎和三次明尼蘇達卅最受歡迎書籍獎(Minnesota Book Awards),《無名女子 15 號》(Unidentified Woman＃15,St. Martin's Minotaur 出版)是他的第十七本小說。2014 年他被選為美國私探小說作家協會(Private Eye Writers of America)會長。

什麼是紅鯡魚？

按照字面來說，紅鯡魚是指魚肉因為煙燻而變紅。而在英國，指的就是我們早餐時吃的醃魚。

在推理小說裡，紅鯡魚指的是假線索，用來故布疑陣誤導讀者兇手的真實身分，它可能是某個角色的行為，或是一段別有所指的評論。

就像是魔術表演裡利用障眼法來轉移觀眾的注意力，讓他們看不清魔術師手裡的戲法，在推理小說家書裡，紅鯡魚的用意也是一樣的，沒有這些布局轉折，書讀起來就不會讓人回味無窮。

有人說，紅鯡魚被借代成文學上的用法，其實是因為最早有人用醃魚來訓練獵犬的嗅覺，不過最新的研究推翻了這個說法。1807 年時，英國辯論家威廉·考伯特（William Cobbett）曾清楚地說明如何用醃魚的味道來轉移獵犬追捕野兔的注意力，後來他的方法就被借用到文學寫作裡。

推理小說前輩如柯南·道爾和愛倫坡等，最喜歡在小說開頭布滿錯誤的線索來誤導讀者，後來的阿嘉莎·克莉絲蒂也深諳此道。比如在（有劇透！）她的第一本小說《史岱爾莊謀殺案》（Mysterious Affair at Styles），裡面勢不兩立的兩個角色其實私下共謀、串通，犯下了謀殺案。

——凱特·懷特

瑪麗·海金斯·克拉克

巨人隊之夜的勝利墨西哥辣醬

當樹上的葉子開始變色，空氣開始變得清冷，這代表美式足球賽季開始了。只要是紐約巨人隊在主場比賽時，我們幾乎都到現場觀賽。如果他們到外地比賽，我們也不會錯過坐在電視機前面為他們加油的機會。煮一鍋熱騰騰的墨西哥辣醬，叫上親戚朋友來家裡吃辣醬一起看比賽，沒有比這個更歡樂的事了。

有電視轉播比賽的週日下午或者傍晚時分，我們喜歡像這樣聚在一起。

裝辣醬的碗、銀質的餐具和餐巾紙擺在小餐桌上，酒杯整齊的擺在吧台上等著被斟滿。剛出爐的義大利白麵包放在放辣醬的燉鍋旁邊，壁爐裡的火舌在跳動著，要是有冷風吹進煙囪的呼呼聲伴奏，那就更有氣氛了。中場休息時間就是吃飯的時間。巨人隊是實力堅強的冠軍隊伍，不過即使他們沒有贏球，也不是世界末日，吃一碗墨西哥辣醬來暖胃和暖心。這道辣醬的食譜是一個外膾廚師路易斯·德維契歐（Louis Del Vecchio）教我的，我們認識有三十年了，我完全遵照他的作法，沒有任何改動。我先聲明，路易斯現在是我們家的專用大廚，你說我是不是很幸運！

材料：8～10 人份

4 磅牛絞肉
1 磅香腸絞肉
1 磅火雞絞肉
調味用的鹽、黑胡椒粉和辣椒粉
1 大罐番茄碎罐頭
2 小罐番茄丁罐頭，有加哈拉貝諾辣椒（jalapeño）和洋蔥的
1 小顆洋蔥，切碎
1 罐啤酒（可不加）
4 罐綜合豆（黑豆和紅豆）罐頭，中罐就可以，把水瀝乾
調味用香料：孜然、大蒜、肉桂、紅辣椒片（增加額外的辣勁）
調味麵包丁（可不加）

1. 預熱一個大的慢燉鍋（slow cooker）。

2. 分批把肉炒到焦黃，去除水分，每一批肉都要均勻的用鹽、黑胡椒粉和辣椒粉調味。

3. 所有的肉都炒好也調好味以後，把鍋裡大部分的油倒掉，只留一點炒洋蔥，這時可以倒一點啤酒把黏鍋底的料刮起來。

4. 把全部的番茄、洋蔥、肉和豆子放到燉鍋裡，倒入 ¼ 罐啤酒、2 茶匙辣椒粉、1 茶匙孜然，和一點點肉桂粉（不要太多）適量大蒜粉和黑胡椒粉調味。

5. 燉鍋轉高溫煮 4 小時，記得要不時的攪拌，避免黏鍋。時間到了轉小火，嘗嘗味道，不夠的話，再加點鹽、紅椒粉、辣椒粉、和一些紅辣椒片。

6. 小火煮 2 小時以後，把燉鍋放到旁邊保溫備用。如果辣醬太稀，可以拌入一點麵包丁來吸收水分。

7. 用碗來盛辣醬，上面撒上切達起司絲、紅洋蔥絲、酸奶油和烤熱的玉米片。

瑪麗·海金斯·克拉克是一位享譽全球的暢銷書作者，她的書光在美國本土就賣出超過一億本。她最新的推理小說是《我會牢牢的記住你》（I've Got You under My Skin，Simon&Schuster 出版）。創作至今，她總共出版了三十三本推理小說。

湯瑪士・庫克

當作前菜也沒問題的（素）辣醬

在我寫的許多本書裡，過去總是和現在糾纏不清，這道食譜也是。我在寫《傷心坡》（Breakheart Hill）時，高中時代的朋友們都很高興，書裡提到家鄉那道受歡迎的炸派餅（Frito Pie）。他們很高興這道菜不僅在我的記憶裡，還白紙黑字地印在書裡。其實真正讓我印象深刻的，是一週才能吃到一次的辣醬。我自己試過很多次都失敗之後，才發現少了最重要的一味──花生醬。

我的個人辣醬食譜最先是用牛絞肉，不過因為很多朋友吃素，我自己也想吃得健康一點，所以改用黃豆做成的辣香腸來代替，結果味道和口感一樣的好。

這道食譜的食材選擇和調味料用量彈性很大，可以依照個人喜好自行調整。喜歡重口味的，就多放一茶匙孜然，並以半杯醇厚紅酒來代替水，或者可以加一湯匙的醋來調味。

材料：4 人份
2 湯匙的特級初榨橄欖油
1 個大的洋蔥，切碎
1 湯匙切碎的大蒜
½ 湯匙紅辣椒片
1 包 12 盎司裝黃豆辣香腸（Trader Joe's 牌的就可以）
2 湯匙辣椒粉
1 罐 28 盎司裝番茄碎
½ 杯水（紅酒或高湯也可）
1 湯匙花生醬
3 罐 15 ½ 盎司罐裝豆子，種類不拘

1. 找一個容量兩公升的鍋子，倒入橄欖油，加熱，放入洋蔥、大蒜和紅辣椒片，然後煮到洋蔥變軟但是不要焦掉。

2. 把素香腸剝碎加入。

3. 加辣椒粉、番茄碎，和水拌炒均勻後用中火煮。

4. 轉小火，加入花生醬後拌炒均勻，熬煮 5 分鐘，切記不要煮到滾。

5. 當鍋裡所有的食材都煮熟後，加入罐頭豆子加熱。如果你想冷凍醬料的話，就不要放豆子，等要吃的時候，再加即可。

提示：我總是準備很多不同的配料來搭配辣醬一起吃，比如說切碎的生洋蔥或者是青蔥、切碎的哈拉貝諾辣椒、番茄丁、各種顏色的甜椒丁、切達起司刨絲（或者其他你喜歡的起司）和酸奶油。這道辣醬也可以配著白飯，我最愛跟壓碎的多力多滋玉米片一起吃。

湯瑪士・庫克（Thomas H. Cook）是一位國際知名的作家，他的作品曾獲愛倫坡獎提名八次，分屬不同的獎項。他的小說《凱森姆學院》（The Chatham School）在 1996 年贏得了愛倫坡獎的最佳小說。他的最新作品是《塵中起舞》（A Dancer in the Dust）。

約翰·麥克佛伊

救急匈牙利燉肉

我一直都熱愛賽馬，你看我寫了六本推理小說都和這個運動相關，就知道最新的這本《大賭注》（High Stake）裡面也會提到。真相是，從我是個小男孩的時候，就很熱衷賽馬，也愛賭馬。馬兒們真是了不起的動物啊，看看牠們奔跑時的動作。還有，騎在馬背上體型削瘦的騎士們以小馭大，他們也是了不起的運動員。這麼多年，我也大贏過幾次，其中一次贏得的獎金讓我買了第一輛車（不過現在不是我的了），不過就和其他賽馬同好的遭遇一樣，輸錢的次數總是多過贏錢的次數。前人言：「你可以贏一場，但是你不會每一場都贏。」

我仍然在努力著推翻這個說法，跟著名的卡魯梅馬場（Claumet Farm）裡綽號「慢慢來」的馬夫學習如何下注他的方法就是每天都下注：「因為說不定哪一天你就走運，賭到大黑馬！」當然，這種理論和某個老格言類似：「雛鳥終將羽翼豐滿，展翅高飛。」（Chicken today, feathers tomorrow）它出自 1896 年肯塔基卅的某位報業鉅子。相信這個人人都知道的道理，很早就有先例。

在賽馬場上消磨的那些午後時光，我賭的都是那些尚未展翅高飛的馬兒們，所以才會產生了這道應急的匈牙利燉肉（goulash）。

這是一道味道豐富但是所費不多的前菜，好吃又吃得飽，難度也不高，即使廚藝蹩腳且輸錢輸到口袋空空的我也做得出來。這道菜肴不但好吃，而且可以回鍋加熱，因為誰也不知道哪天你好不容易贏來的錢，會不會不知不覺又輸在賭馬或其他運動上。

材料：分量視最近下注的結果而定	
2 磅牛絞肉 1 個中等大小的洋蔥，切碎 1 個青椒，切碎 2 茶匙大蒜鹽 1 包 8 盎斯裝扁麵條 1 罐 8 盎司裝番茄醬汁 ¼ 杯番茄醬	1. 拿一個平底鍋，放入牛絞肉、洋蔥和青椒一起拌炒後，加入大蒜鹽調味。 2. 用滾水把麵條煮到彈牙後，加入 1 的肉醬 3. 倒入番茄醬汁，不加蓋熬煮 15 分鐘左右，再加入番茄醬攪拌均勻。 **提示**：這道燉肉麵搭配夾花生醬的白麵包和一罐 Dr. Pepper 汽水最對味。

約翰·麥克佛伊曾經是《Daily Racing Form》的記者，個人也一直熱衷賭馬。他寫了六本推理小說都和賽馬運動有關，其中《大賭注》由 Poisoned Pen Press 出版。他有兩本作品曾獲得班傑明富蘭克林獎（Benjamin Franklin Awards）。

泰絲特・費藍

泰式紅咖哩胡蘿蔔濃湯佐恰尼醬

在拉麗斯德拉餐廳（La Ristra's）吃飯是峰頂之巔（Pinnacle Peak）系列的一種傳統了。他們的招牌菜是泰式紅咖哩胡蘿蔔湯，佐特製的蘋果梨恰尼醬（chutney）。主角漢娜・單恩（Hannah Dain）和分合不斷的男友庫伯・史密斯（Copper Smith）在這裡用餐時，總是點這道口感滑順但是味道辛辣的湯。

材料：2～4 人份

◎恰尼醬◎
2 個熟紅西洋梨
2 個 Granny Smith 蘋果
1 杯黃葡萄乾
½ 杯原味米醋
¼ 杯白砂糖
1 湯匙切得很細的嫩薑
1 茶匙芥末籽
½ 茶匙肉桂粉

◎湯◎
1 湯匙芥菜籽油（canola oil）
6 支大的胡蘿蔔，切片
2 ¼ 英寸大小的薑片
1 個中型白洋蔥，切細
4 杯蔬菜高湯
⅓ 杯椰奶
1 茶匙紅咖哩醬
調味用鹽和胡椒粉
1 支青蔥，切成火柴棒大小
1 湯匙香菜

1. 製作恰尼醬：西洋梨和蘋果都對半切開，去核。把其中兩個一半的梨和蘋果切成¼英寸厚的水果片，剩下的就切碎。

2. 拿一個小的平底鍋，把 1 的梨子和蘋果連同製作酸辣醬的其他食材一起小火慢慢煮，邊煮邊輕輕地攪拌。煮到快要滾的時候，蓋上鍋蓋燜煮，記得要時不時攪拌。大概 10～15 分鐘水果煮軟後，可以放涼備用。恰尼醬可以提早一天做好，先冷藏起來，要喝湯時再拿出來在室溫下回溫。

3. 製作湯：拿一個大的平底鍋，開火熱油後放入胡蘿蔔和薑，一起用大火拌炒 6～7 分鐘，直到胡蘿蔔外脆內軟，顏色稍微焦黃為至。

4. 加入洋蔥一起煮 2 分鐘左右，煮到軟即可，不要煮到焦。

5. 加入 1 ½ 杯的高湯、椰奶和咖哩醬，一起煮到滾後，再轉中火煮 25 分鐘左右，直到胡蘿蔔變軟即可。

6. 用手持攪拌器把湯打成泥（或者把湯倒出來，分次用攪拌機打）。打好後加鹽和胡椒粉調味。

7. 要吃時，先挖 1 湯匙的恰尼醬放在湯碗底部，然後再舀湯，撒上青蔥和香菜。上湯啦！

泰絲特・費藍的峰頂之巔系列深獲好評。她的短篇小說除了出現在《美國推理作家協會》雜誌中，也刊登在最佳選集和《艾勒里昆恩推理》雜誌（Ellery Queen Mystery）並且獲得懸疑小說獎（Thriller Awards）、安東尼獎、亞瑟艾利斯獎（Arthur Ellis Awards）和德林加獎（Derringer Awards）等的提名。

瑪麗・安・克里恩

自由組合沙拉

「我不想要感恩節吃剩的火雞，我只要你母親做的蔬菜沙拉就好了。」每年感恩節晚餐過後，總是有不少朋友提出這樣的要求。我才剛調整了母親七〇年代的配方，五味偵探（Five Ingredient Mystery）系列的私家偵探，也同步把她奶奶沙拉食譜中的新鮮蔬菜換成罐頭蔬菜。這道口味酸甜的沙拉，不管是新鮮還是罐頭蔬菜都可以，看個人喜好。蔬菜的種類也沒有限制。十二月盛產的紅甜椒讓沙拉的配色更漂亮，秋天的胡蘿蔔和感恩節很配。這個食譜的特色就是：可以提前一天做好，讓你有時間從容地準備大餐。

材料：10 ～ 12 人份

2 杯切成 ¼ 英寸厚圓片的生夏南瓜

1 磅切段的綠色菜豆（如果是新鮮的，就先汆燙 2 分鐘後放到冷水裡）

1 罐 14 盎司裝朝鮮薊心，切四等分

4 盎司新鮮的蘑菇，切成 ¼ 英寸厚

1 個中等大小的洋蔥，切片

1 杯去核的黑橄欖，對半切

½ 杯三明治專用醃黃瓜，切丁

◎醃料◎
½ 杯蔬菜油
½ 杯檸檬汁
2 湯匙蘋果醋（cider vinegar）
2 湯匙糖
1 茶匙乾蒔蘿籽（dill weed）
½ 茶匙鹽
⅛ 茶匙黑胡椒粉

1. 拿一個大碗放入前五項食材，拌勻後再放入黑橄欖和醃黃瓜。

2. 拿一個碗把醃料拌均勻，或者放入罐子裡，蓋上罐子用力搖晃。把醃料倒入蔬菜裡拌勻後，用保鮮膜蓋上後放入冰箱冷藏 24 小時，中間要翻動 3 ～ 4 次，把碗底的蔬菜翻上來。

3. 24 小時後，嘗嘗味道，依照個人喜好決定要不要加糖或者醋。

4. 要吃以前把醃料瀝乾，如果是在特定的節日要吃的話，把沙拉放在鋪滿生菜的大碗裡，這樣擺盤會更漂亮。

瑪麗・安・克里恩（Mary Ann Corrigan）是五味偵探系列的作者，瑪亞・克里恩（Maya Corrigan）是她的筆名。這個系列的第一本書是《大廚或小賊》（By Cook Or By Crook，2014 年 11 月出版）。

麗莎・金

卡布里茄子沙拉配羅勒絲和橄欖油醋

我的推理系列主角珍・艾波奇斯特（Jean Applequist）喜歡美食和美酒，不過廚藝並不是太好。這個食譜正好適合她——好吃又容易做。這道菜帶點煙燻味，和只有熟番茄、莫札瑞拉起司和新鮮羅勒的傳統卡布里沙拉相比，這個版本的口感更豐富。煙燻莫札瑞拉起司可以在大部分的超市買到，這裡我用的是 Trader Joe's 牌的半軟、輕度煙燻莫札瑞拉起司。珍的正職是葡萄酒作家，她應該會選口感適中單寧酸不太高的紅酒來搭配這道沙拉，像卡本內-蘇維濃（cabernet sauvignon）、希哈（Syrah）、金芬黛（Zinfanddel）、利奧哈（Rioja）或者以山吉歐維列（Sangiovese）為基底的義大利紅酒，如奇揚替（Chianti）。冰鎮過的不甜粉紅酒也會很合，無論是產自加州、普羅旺斯或西班牙皆可。

材料：4 人份	
1 條中等大小的茄子，大概 1 磅重	1. 拿一個帶烤架的烤盤，把烤架放在離爐火約 4 英寸高的位置，烤架鋪一層鋁箔紙。
¼ 杯特級初榨橄欖油，另外準備一點刷茄子	2. 把茄子橫切成 ½ 英寸厚的圓片，大概切成 8 片左右，兩面都刷上油後稍微用鹽和胡椒調味。
調味用海鹽和現磨黑胡椒粉	3. 把茄子片放在烤架上，單面烤到變軟變棕色後再換面烤（你也可以用炭烤）。茄子烤好後放涼備用。
1 包 8 盎司裝煙燻莫札瑞拉起司球	4. 拿一個盤子，把烤好的茄子一片一片鋪好。把煙燻莫札瑞拉起司橫切 8 片後，分別疊放到茄子上。
4 顆鹽水漬黑橄欖，去核，切碎	5. 準備油醋汁：拿一個小碗，倒入橄欖油、醋攪拌均勻後加鹽和胡椒調味。
1 瓣大蒜，壓碎	6. 準備羅勒絲：在砧版上把羅勒葉一層一層疊起來，然後捲起來切成細長條。
1 湯匙雪莉醋（sherry vinegar）或紅酒	7. 把切好的羅勒絲撒在茄子和莫札瑞拉起司上，攪動油醋汁然後用湯匙淋在沙拉上。
6 ～ 8 片大的羅勒葉	8. 在室溫狀態下，搭配剩下的油醋汁享用這道沙拉即可。

麗莎・金的作品有《酒莊謀殺案》（Death in Wine Dark Sea）和《貪酒之徒》（Vulture Au Vin），兩本書的主角都是葡萄酒作家兼業餘偵探珍・艾波奇斯特。麗莎自己本身就是嗜酒之徒，也很愛下廚。

M・O・瓦士

將錯就錯的馬鈴薯沙拉

我第一次自己在家做馬鈴薯沙拉，沒有正確地遵循食譜，食材和調味料也亂用，但是做出來的味道也很棒。之後我又正確地遵照食譜做了一遍，相比之下，我和家人都比較喜歡錯誤的版本。這麼多年過去了，我嘗試過不同的食材比例和調味料來做這道沙拉，總結出趁馬鈴薯剛煮好的時候，趁熱剝皮再切塊拌入醬汁的味道最好。這個作法的馬鈴薯吃起來口感豐富，美乃滋的用量比一般的作法少。

材料：20～24 人份

◎醬汁◎
4 茶匙橄欖油
4 茶匙沙拉油（蔬菜油即可）
4 茶匙白醋
4 茶匙檸檬汁
¼ 茶匙的鹽，尖匙
¼ 茶匙芥末子，尖匙
¼ 茶匙匈牙利紅椒粉
（paprika），尖匙

◎沙拉◎
約 4½ 茶匙的鹽
5 磅的馬鈴薯，不剝皮
½ ～ ¾ 杯切碎的洋蔥
¼ 茶匙現磨黑胡椒
1 ～ 1½ 杯低脂美乃滋
（Hellman's 牌）
1 杯切碎的芹菜
5 個全熟水煮蛋

1. 先做沙拉醬汁：找一個有蓋的容器，把所有的調味料放進去，蓋上蓋子，用力搖晃混合均勻。

2. 拿一個大的平底鍋或者是湯鍋，煮沸 1 英寸高度左右的鹽水（½ 茶匙鹽兌 1 杯水），水煮滾後放入馬鈴薯，蓋上鍋蓋再煮 30 分鐘。熄火，把水瀝乾。

3. 趁馬鈴薯還熱的時候，剝皮再切丁，然後拿一個大湯鍋或者容器把馬鈴薯放進去，接著用一支大湯匙或者煎餅鏟拌入洋蔥，加 2 茶匙鹽和胡椒粉調味。

4. 把 1 的醬汁微波加熱 30 秒，不要讓它沸騰。拿出來蓋上蓋子，搖晃均勻後倒入馬鈴薯裡，翻動馬鈴薯讓它們能均勻地沾到醬汁。蓋上鍋蓋或者用保鮮膜包好，放入冰箱冷藏最少 2 個小時。

5. 輕輕地翻動馬鈴薯，讓它們能完全吸收鍋底的醬汁。加入 1 湯匙的美乃滋後再攪拌均勻，味道不夠的話就再多加。

6. 輕輕地拌入切碎的洋蔥和水煮蛋。

M・O・瓦士的犯罪小說作品曾經刊登在《瑪莉海金斯克拉克推理雜誌》（Mary Higgins Clark Mystery Magazine）、《女性世界》（Woman's World）和五部《新英格蘭最佳犯罪故事》（Best New England Crime Stories）選集裡。他同時也與人合著《無關緊要的殺手：謀殺案合集》（The Killer Trivia Book A Miscellany of Murder）。瓦士的作品曾入選德林加獎，也是瑪莉海金斯克拉克獎的短篇推理得主。

主菜

第四章

她坐在桌子的另一頭，背繃得很直，神情嚴肅。她的手很小，就跟她的人一樣。她看上去坐立不安，彈了一下煙蒂：「聽著，我已經走投無路了，你一定要幫我。你得教我怎麼烤一隻雞。」

大衛・莫瑞爾

湯馬士・德昆西的夏南瓜義大利麵

在我的維多利亞時代驚悚小說《謀殺的藝術》（Murder as a Fine Art）中，主角是在犯罪小說界中頗有分量的湯馬士・德昆西（Thomas De Quincey）。他以血腥露骨的《論視謀殺為藝術》（On Murder Considered as One of the Fine Arts）一書，開創了以真實案件為背景的犯罪小說。他影響了推理小說始祖愛倫坡，接下來的柯南道爾更因為愛倫坡的啟發，而創作了福爾摩斯。德昆西的《鴉片吸食者的自白》（Confessions of an English Opium-Eater）是第一本有關藥物成癮的著作，在威爾基・柯林斯（Wilkie Collins）被稱為史上第一本偵探小說的《月光石》（The Moonstone）裡，就引用了它來當作破案線索。德昆西的作品啟發後輩的同時，他也發明了「潛意識」（subconscious）這個詞，比佛洛伊德還早了半個世紀。

儘管德昆西那本談藥物成癮的書名看上去很聳動、敗德，本人卻沒那麼依賴鴉片，倒是喝了不少的鴉片酊（一種酒精混合鴉片粉的藥飲）。當時大部分家庭的藥櫃裡都有鴉片酊，不過多數人都會有節制地服用。一般來說，嬰兒的用量是一天三滴，成人則是二十滴，而德昆西一天可能會喝到一千滴。在他的成癮高峰期，一天要喝到十六盎司。

過度服用鴉片酊會產生一些副作用，對德昆西來說，這似乎激發了他的創作，那些無盡的夢魘使他提出了革命性的理論——大腦中的密室。過量的鴉片酊讓精神活躍，但不代表身體可以承受相同的刺激，德昆西的身體會無法自主地抽動，呼吸急促、心悸，他常常感覺胃痛得像有老鼠在裡面啃噬一樣。他沒有胃口吃東西，多數時候就是幾片餅乾配熱茶，或者把麵包泡在牛奶裡吃。當時還沒有義大利麵這種食物，不過即使有，我相信他的胃也沒有辦法消化。雖說服用了大量的鴉片酊，他的思考還是非常活躍，要是吃了義大利麵，當中的麥麩說不定會讓他產生劇烈過敏反應，甚至連帶影響到他的思緒。

為了不破壞他的腦內平衡，我設計了無麵粉的義大利麵，即使他吃了胃也不會難受，大腦也不會受到影響，可以創造出好的小說人物。我用了夏南瓜來代替義大利麵，它是這個食譜最重要的食材。這是我最喜歡的菜肴之一，不但好吃，而且煮起來非常簡單。

材料：2～4人份	1. 把夏南瓜的前後兩端切掉，用刨刀刨成又長又薄的瓜片。
6～10 條軟的夏南瓜 2 湯匙橄欖油 番茄醬汁調味 肉球搭配一起吃（如果有的話）	2. 把刨好的瓜片放到碗裡，拌入橄欖油。 3. 用一個淺的煎鍋把瓜片炒到外脆內軟。 4. 加入你最喜歡的番茄醬汁和肉球，如果你喜歡的話。 **提示：**這道菜配烤雞肉也非常的好吃。

大衛・莫瑞爾那本著名的《第一滴血》（First Blood），主角就是大家都知道的藍波（Rambo）。他的暢銷作品很多，包括了那經典的間諜小說《玫瑰兄弟情》（The Brotherhood of Rose，後來改編成電視迷你影集，是有史以來唯一在超級盃結束後播放的影集）。他曾經獲得愛倫坡和麥卡維帝等獎項的提名，也獲得了國際驚悚作家協會頒發的懸疑大師（Thriller Master）的殊榮。

羅倫佐・卡爾卡特拉

瑪麗亞奶奶的煙花女義大利麵

1968 年的夏天，在那不勒斯外圍的伊斯基亞島（Ischia），我認識了瑪麗亞奶奶。她當時穿著寡婦的黑洋裝，口袋裡總是裝滿糖果，白天喝著又濃又黑的濃縮咖啡，晚上則喝葡萄酒。

第二次世界大戰帶走了奶奶的一個兒子和丈夫。戰爭當時，有五年的時間她每天坐船到那不勒斯的黑市去張羅過日子需要的民生物資。

有一天我告訴她我想當一個作家。

「作家是做什麼的？」她問我。

「作家就是說故事的。」我告訴她。

「像你讀的那些書嗎？」

「那些書裡寫的是很棒的故事。」我說：「我寫不出來那麼了不起的。」

「生命本身就會告訴你很多很棒的故事。」她說。

有一天晚上表弟保羅來找我，我們坐下來一起吃奶奶煮的煙花女義大利麵。「我看到派翠西亞和你們玩在一起。」他說：「她的媽媽和爸爸和我是朋友。」

「前幾天我碰到她的姐姐們，」我說，「她們比她大好多。」

奶奶點點頭：「戰爭的時候，她的爸爸上戰場了，有好幾年都沒有他的任何消息。有一天她媽媽接到一封信，通知她丈夫已經為國捐軀了。當時她身邊沒有任何錢，還有三個孩子要扶養。當時的伊斯基亞島被納粹佔領，有謠言說她出賣自己的身體和納粹士兵在一起來換取黑市的生活物資。」

奶奶啜了口酒：「戰爭結束後，納粹和美國人都離開了。六個月之後，她的丈夫活著回來了，原來他一直被關在非洲的一個戰俘營裡。沒多久他就聽到她的妻子在戰爭期間所從事的營生。他去找神父和你們的祖父，請他們指點該如何面對妻子的醜行。」

「那他們怎麼說呢？」保羅問。

「他還年輕，還有機會認識別人，說不定還可能再愛上別人重新開始。不過，他們反問他，他能確定別的女人就完全清白嗎？他們告訴他，她的妻子是為了養活三個小孩才不得已做出這樣的事。」

「那他們就又在一起了？」我說。

奶奶點點頭：「不過他們還是先分房了好幾年，終於他們拋開過去，重修舊好，所以才又有了派翠西亞。你看他們現在手挽著手，感情好得就像他們年輕的時候。」

奶奶看著我。「這個故事好到可以寫進你的書裡嗎？」她問。

「是的。」我說。

她把手放在我的手上：「那我也可以當一個作家，是不是？」

「你可以的，奶奶。」我說。

「如果我可以，那你也可以。現在，這個故事是你的了。」

食材：
胃口大的話，夠 3～4 人份，
胃口小的話，夠 5～6 人份
（我們家的人都是大胃王）

◎醬汁◎
（可以買現成的義大利麵醬
汁，32 盎司罐裝的即可）

2 瓣大蒜

½ 杯特級初榨橄欖油

1 罐大的 San Marzano 番茄
罐頭

2 湯匙切碎的新鮮奧勒岡葉
（瑪麗亞奶奶認為奧勒岡越
多越好）

8 片新鮮的羅勒葉，切碎

1 湯匙櫻桃辣椒（cherry
peppers）罐頭的汁

¼ ～ ½ 杯紅酒

1 茶匙鹽

◎義大利麵◎

21 個去核黑橄欖，每顆切四
等分

7 片鯷魚，撕成小片

¼ ～ ½ 杯刺山柑（capers）

½ 茶匙壓碎的紅辣椒片，調味
用。

1 磅義大利麵或者扁麵
（linguine）

1. 先做醬汁，如果你是買現成的，就直接從步驟 4 開始。大蒜對半切
   後，用手掌或者是刀背的力量把它們壓扁，丟入鍋中和橄欖油一起
   炒到變棕色。

2. 倒入番茄，加入香草和櫻桃辣椒汁然後開小火煮到滾。

3. 加紅酒，然後小火煮 30 ～ 60 分鐘。（這裡你可以把大蒜撈出來，
   或者留在醬汁裡一起煮，瑪麗亞奶奶喜歡留著大蒜。）煮差不多
   20 分鐘後，試一下醬汁的味道，看看要不要再加鹽和香料。

4. 煮醬汁的同時，拿一個鍋子裝水用小火煮開，準備待會兒煮義大利
   麵。

5. 番茄醬汁在煮，煮義大利麵的水也要開了，現在可以準備做煙花
   女麵醬了：把橄欖（瑪麗亞奶奶很喜歡橄欖，她會放得很多）、鯷
   魚、刺山柑連同汁水和紅辣椒片都放到番茄醬汁裡去煮，然後再讓
   醬汁煮 5 分鐘左右。

6. 把煮麵的水開大火煮到沸騰，然後放入義大利麵（瑪麗亞奶奶喜
   歡義大利麵，我喜歡扁麵）。根據包裝上的指示來設定煮麵的時間
   （喜歡彈牙的口感煮的時間就少一點），煮麵的水不要再加油或者
   鹽，要不然瑪麗亞奶奶會把它喝完。麵煮好後，把水倒掉，用濾鍋
   把水濾乾。

7. 舀 3 大勺醬汁到空的麵鍋裡，再把義大麵倒回去然後再倒入剩下的
   醬汁。把麵和醬汁攪拌均勻。準備一條剛出爐的義大利白麵包和一
   瓶紅酒一起吃，背景音樂就放拿坡里民謠吧！

羅倫佐・卡爾卡特拉的懸疑小說《夢遊者》（Sleepers）、《藏身之地》（A Safe Place）、《阿帕契》（Apaches）、《流氓》（Gangster）、《天堂之城》（Paradise City）、《午夜天使》（Midnight Angels）和《野狼》（The Wolf）等，都曾榮登《紐約時報》暢銷榜榜首。他曾經當過影集《法律與秩序》（Law & Order）的編劇和製作人，也在《國家地理旅行家》（National Geography Traveler）、《紐約時報週日書報》（New York Times Sunday Magazine）和《細節》（Details）等雜誌上不定期發表文章。

萊斯利・巴特維茲

茴香松子義大利麵

我的家人對吃不是很講究，但是卻很會說故事。小時候我喜歡坐在廚房的餐桌邊，聽我的推銷員父親在出差途中碰到的各種奇聞軼事。我的母親也會在廚房裡邊做家事邊聽，她經常會停下手頭的事，靠在工作台上專心的聽父親說故事。

食物對我來說是寫作的素材。我的作品可以歸類為傳統軟性推理小說，故事主要是角色人物的著墨和背景，還有找出兇手及犯案動機。老饕村推理（Food Lover's Village Mysteries）系列的背景在蒙大拿寶石灣（Jewel Bay），一個濱河的度假勝地，從那裡可以前往冰河國家公園，公園所在的小鎮自稱為老饕村。艾琳・墨菲（Erin Murphy）是老饕村系列的主角，三十二歲，是專營當地農產品的摩爾克超市經理。超市所在地就是她家族的百年傳家樓，最早她們家族還開了鎮上第一家雜貨店。艾琳非常喜歡義大利麵、食品零售業和越橘巧克力，還具備不為人知的優秀偵探的天分。

和我的成長背景相反，老饕村中的艾琳出生在一個熱愛美食的家庭。她有一半愛爾蘭和一半義大利的血統。她的母親法蘭西絲卡（別名新鮮卡）喜歡自己動手做各種義大利麵食、醬汁和松子醬，這些都是摩爾克超市的暢銷商品。這個系列的第一本是《未完成的謀殺案》（Death al Dente），一樁執行不完全的謀殺案，案發地點在艾琳舉辦的夏日義大利美食節攤位上。謀殺案不是唯一要偵破的罪行，或者說唯一讓人感到困惑的。除了找出犯人，艾琳還想找出到底是誰散布謠言，誣陷母親偷了別人的食譜來創業。憑藉著一張手寫的食譜卡，她相信犯人很快就會被揭發。老饕村系列的每一本書中，食物和犯罪案都有關聯，對我來說這個再自然不過了。要偵破謀殺案找出犯人是一件苦差事，壓力大的時候，用吃來發洩也是很正常的。不過在老饕村，謀殺案絕不能輕鬆對待，要是沒有抓住犯人，就會破壞村裡的向心力，所以艾琳一定要找出兇手，讓正義得到伸張，維持村裡的安定。

誰會想到美食也可以用來當作破案工具呢？

材料：
作為主菜 4 ～ 6 人份
作為副菜 6 ～ 8 人份

½ 杯松子

¼ 杯橄欖油

1 個中等大小的洋蔥，切碎

1 ½ 磅茴香球根

½ 杯葡萄乾，黑的、金黃的或是兩者混合的

1 茶匙鹽

¼ 茶匙肉桂粉

1. 烤箱溫度設定華氏 350 度，把松子烤 10 分鐘到表面變棕色就馬上拿出來（不要等到顏色變深的時候才拿出來，這樣會烤到太焦）。放涼備用。

2. 拿一個醬汁鍋，開火倒入橄欖油拌炒洋蔥到它們開始變金黃色。

3. 炒洋蔥的同時，把茴香球根的綠色的莖和葉子去掉。葉子切碎，留大概 2 茶匙左右的量當最後裝飾用。把球根外層比較老的剝掉，從中間對半切，平的那一面向下然後開始切薄片。

½ 杯冷水

¾ 杯蝴蝶麵

自由選項

½ 杯現刨的帕米森起司
（Parmesan Cheese）

或者

1 杯對半切的櫻桃番茄或者聖
女番茄

1 杯切碎的罐頭原味朝鮮薊

1 杯剁碎的山羊起司（goat
cheese）

4. 等洋蔥炒到金黃變軟後，加入茴香片、葡萄乾、鹽、肉桂粉，和冷水到鍋子裡拌炒均勻，然後蓋上鍋蓋中火煮 15 ～ 20 分鐘，或者等茴香變軟即可。

5. 煮醬料的同時來煮義大利麵。麵煮好後把水瀝乾，倒入茴香醬汁裡，加入松子，最後再加入現刨的帕米森起司或是番茄、朝鮮薊和山羊起司一起攪拌均勻。

6. 撒上切碎的茴香葉，麵就完成了。

提示：這道麵非常適合搭配烤蝦或者烤雞一起吃。

萊斯利・巴特維茲創作了老饕村推理系列，最新作品《犯罪肋排》（Crime Rib）已於 2014 年出版。第一本《未完成的謀殺案》獲得 2013 年阿嘉莎獎最佳首作。除了小說，她著的寫作指南《推理小說、罪犯和律師》（Books, Crooks and Counselors: How to Write Accurately about Criminal Law and Courtroom Procedure，Quill Driver Books 出版），獲得 2011 年阿嘉莎獎的最佳非小說類創作。個人網站：www.lesliebudewits.com。

雷蒙・班森

卡路里爆表的焗烤通心粉

母親教我做這道菜，我自己又增加了起司的用量，所以卡路里爆表。小時候，每年感恩節我們都要吃這道通心粉，不過也不限於感恩節，想吃的時候就吃。這道菜是暖心菜品，雖然熱量很高，但是簡單又美味，讓人無法抗拒。

老實說，這道菜和我的作品沒有任何的關係，黑色高跟鞋（Black Stiletto）系列、詹姆士・龐德（James Bond）系列，或是根據我的小說而製作的電腦遊戲和其他相關媒體衍生產品，甚至是我的單行本，都沒有這道通心粉的蹤跡。不過或許你在閱讀黑色高跟鞋系列的最新作品時，可以考慮這道通心粉來當作伴讀美食，配一杯紅酒，頭腦和胃都得到了滿足。美食和我的小說這樣的結合也不錯，至少我是這樣想的。

材料：4 人份	
1 盒 8 盎司裝通心粉 3 湯匙麵粉 3 湯匙牛油 2 杯牛奶 ¼ 茶匙鹽 ¼ 茶匙黑胡椒粉 1 包 12 或 16 片裝卡夫特級美式起司（小時候卡夫沒有切片包裝，只有自己買回家切的起司磚，現在已經買不到了）	1. 烤箱預熱到華氏 350 度。淺砂鍋抹油。 2. 拿一個大鍋裝水煮沸來煮通心粉，根據包裝上的指示設定煮麵的時間。 3. 拿一個醬汁鍋，放入麵粉、牛油、鹽、和胡椒粉後，開小火拌炒。當麵糊開始變熱後，分次把 12 片起司片丟進去溶在麵糊裡。如果喜歡起司味濃的，就再放點起司片。 4. 通心麵煮好後，瀝乾水分，倒入抹油的淺沙鍋裡，然後倒入起司醬一起攪拌均勻。把通心粉鋪平在砂鍋上，如果還有多餘的起司片，就把它們撕碎再鋪上去。蓋上錫箔紙放到烤箱烤 20 分鐘。 5. 20 分鐘後，拿掉錫箔紙再放回烤箱烤 5 〜 10 分鐘，記得表面不要烤到太焦。 6. 大口享用好吃的焗烤通心粉吧！

雷蒙・班森至今已經發表了超過三十本的推理小說。他的最新推理系列為黑色高跟鞋，最新的一本是《從新開始》（Endings & Beginnings）。除了自己創作的推理小說，他還是第一位被正式邀請書寫詹姆士・龐德系列的美國作家。個人網站：www.raymondbenson.com。

裘莉・查伯瑙

未來披薩

生存考驗三部曲（The Testing）的時代背景是在一百年後的地球。經過一場慘烈的生化戰爭，地球上的土壤和水源都遭受到了嚴重的毒害。生化戰爭後倖存的人類組成了聯合公民國，他們的領袖（他們得通過生存考驗的測試）為了人類的生存生存，必須要想辦法淨化土壤，讓作物能重新生長，提供人類所需要的糧食。在他們的努力之下，地球上的土壤又可以用來栽種作物，但還是有許多地方需要淨化，許多的物種需要重新栽培。這就是三部曲女主角席亞・維爾（Cia Vale）和其他懷有相同使命的未來領導者，所要努力完成的任務。既然一百年後許多農作物都不再存在，那我們現在的食譜對他們來說就是行不通的。

　　即使未來的生存環境那樣的惡劣，但是我想不管什麼時代，只要有人類，應該就會有披薩。在《生存考驗》一書中的第一輪挑戰之後，席亞和同伴的晚餐吃的就是披薩，它剛好也是我個人的最愛（沒有人不喜歡披薩吧？）因此我在書裡想出了這個未來披薩的食譜。

材料：1個 10 ～ 12 英寸大的披薩

¼ 盎司乾酵母，最好是當地的生化工程師研發出來的

1 茶匙砂糖（如果你的殖民地有的話）

1 杯溫水（要處理乾淨到能飲用的程度）

2 ½ 杯麵粉

2 湯匙油（如果你的殖民地沒有農作物提煉油，用動物性脂肪代替也可以），再加一些淋在披薩上

1 茶匙鹽

3 ～ 4 個大的番茄，最好是加強基因改造品種的，切片

2 瓣大蒜，壓碎

3 ～ 4 片羅勒葉

4 盎司切片白黴起司（white cheese）

1. 烤箱預熱到華氏 450 度（也可以用明火燒木烤爐來烤披薩，取決於你的殖民地的物資分配）。拿一個碗，放入水，溶入酵母和糖後靜置約 10 分鐘。

2. 接著把麵粉、油和鹽（如果你有的話）倒入酵母水後，一起攪拌到成光滑的麵團後再靜置 5 分鐘。

3. 把麵團倒出來放在一個拍了麵粉的工作檯，拍打或者揉捏麵團到變成平整。根據烤盤的形狀來修整麵團。

4. 烤盤上抹一點油後拍上一點玉米粉，如果你找得到的話（麥狄遜殖民地成功地培育出基因重組玉米並且大量種植），把麵團放到烤盤上。

5. 麵團的表面抹一點橄欖油（沒有的話，任何其他的油也可以），鋪上番茄、大蒜和羅勒葉。最後鋪上起司片。

6. 放入烤箱烤 15 ～ 20 分鐘一直到麵團變金黃色就可以。美味的披薩出爐囉！

裘莉・查伯瑙（Joelle Charbonneau）是一名聲樂家，經常參與大芝加哥地區音樂劇的演出，同時也教授發音課程。她的生存考驗三部曲：《生存考驗》（The Testing）、《獨立研究》（Independent Study）和《畢業典禮》（Graduation Day）都登上了《紐約時報》暢銷書榜。此外，她的作品還有蕾貝卡・羅賓斯（Rebecca Robbins）推理系列，以及美聲合唱團（Glee Club）推理系列。

蘇・葛拉芙頓

金絲・梅芳招牌花生醬醃黃瓜三明治

有讀者來信告訴我，不敢相信竟然有人覺得這個三明治好吃。另一方面，也有讀者雖然滿心懷疑，不過還是勇敢地嘗試了，結果發現不但吃了沒事，味道也還不賴。這些讀者積極地想改造這個三明治，讓它能更上得了檯面。手下留情啊，千萬不要，金絲和我就喜歡它這麼樸實。

論三明治，老實說金絲肯定比我吃得更多，因為她是虛構的人物，在書裡怎麼吃也不會胖的。人物是虛構的，但是食譜是真實的，而且原汁原味，完全沒有任何修正。

材料：1 人份 的三明治	
Jif 特級香脆花生醬（只能用這個牌的） 2 片健康果仁麵包，或者全麥麵包 6 ～ 7 片三明治醃黃瓜（我要再一次強調，要三明治專用醃黃瓜片，不然後果自負）	1. 在一片麵包上大方的抹上花生醬。 2. 花生醬上鋪上醃黃瓜片 3. 蓋上另一片麵包，然後對角切，花生醬醃黃瓜三明治完成。

蘇・葛拉芙頓的作品有以私家偵探金絲・梅芳（Kinsey Millhons）為主角的系列，總共有二十二本。

肯・路德維

施耐德曼太太的美味法式鹹派

我寫了一個舞台劇《進行中的遊戲》（The Game's Afoot），它獲得了 2012 年愛倫坡獎的最佳劇本。故事說的是舞台劇演員威廉・吉勒特（William Gillette）在柯南・道爾爵士的同意下，自編自演一齣叫《夏洛克・福爾摩斯》的舞台劇，演出後大受歡迎，巡迴全世界公演將近三十年之久。當那些喜歡享樂的演員同行們從紐約北上到威廉的吉勒特城堡拜訪時，這道法式鄉村風味的鹹派（食譜由威廉的好友雷諾兒・施耐德太太提供）正是他用來招待他們的美食。

做這道鹹派需要有吉勒特極力推崇的福爾摩斯式精準，才能做得好吃。在劇中降靈會出現的靈魂，也會認同吉勒特對鹹派的堅持。

各位推理小說同好者們，來辦個週末推理派對，讓大家圍桌而坐，手牽手一起召喚柯南道爾、吉勒特和福爾摩斯吧，他們絕對會不約而同告訴你，這道鹹派的美味不容質疑。

材料：6～8 人份

1 個中等大小的洋蔥，切丁
½ 杯切碎的青椒
2 湯匙蔬菜油
2 個中等大小的番茄，對角切小塊。
1 杯切得很細的夏南瓜
1 湯匙切碎羅勒
½ 茶匙大蒜鹽
調味用鹽和黑胡椒粉
1 個 9 英寸的生派皮
6 顆蛋，用力打散
1 ¼ 杯低脂鮮奶油或者半全脂牛奶

1. 烤箱預熱到華氏 425 度。

2. 拿一個平底鍋，用蔬菜油把洋蔥和青椒炒到軟後再加入番茄、夏南瓜、羅勒和調味料。不蓋鍋蓋煮 10 分鐘，要持續的拌炒。

3. 派皮在烤箱裡烤 5 分鐘拿出來。接著把烤箱轉到華氏 350 度。

4. 把蛋和鮮奶油（或半全脂牛奶）混合後倒入派皮裡，放入炒青菜。

5. 再把派放回烤箱放 30 到 35 分鐘，把刀插入派皮中央，拔出來刀是乾淨的就烤好了。

肯・路德維是一名享譽國際的舞台劇劇作家，寫了許多膾炙人口的百老匯舞台劇，例如《借我一個男高音》（Lend me a Tenor）和《為你瘋狂》（Crazy for you）。他的舞台劇作品在超過三十個國家公演，有二十種以上的語言版本。他也為兒童讀者寫了一本作家導讀《教孩子認識莎士比亞》（How to Teach Your Children Shakespeare，Random House出版）。想要更了解他和他的作品，請上網站 www.kenludwig.com。

黛安・艾姆利

加州風法式起司三明治

比起傳統的法式烤起司三明治，我的版本比較清淡，放了很多自己種的洋蔥和番茄。它可以當作一道簡單的前菜搭配沙拉來吃，或者切成小方塊當作開胃菜。兇殺組警探南・維寧（Nan Vining）是我的系列小說主角，她非常喜歡和男友吉姆・科斯克（Jim Kissick）警探一起坐下來好好享用這道三明治。維寧警探不大會做飯，也不怎麼熱衷園藝，還好吉姆喜歡做飯，而且他就喜歡這樣的她。

材料：6 人份

半條放了一天的法國麵包，切成 12 片 ½ 英寸厚的麵包片

½ 磅刨絲 Gruyère 起司或 Jarlsberg 起司，分批用

½ 個大的甜洋蔥（Vidalia 或者 Maui 品種），切成薄片

3～4 的大番茄，對半切，去籽，切成¼英寸厚的番茄片

1 瓣大蒜，切成薄片

½ 杯新鮮的羅勒葉，撕碎（可混合甜羅勒、紫羅勒或任何種類）

1 湯匙特級初榨橄欖油

1 湯匙刺山柑（capers）

1. 烤箱預熱到華氏 400 度，準備一個 8 吋方形烤盤並抹上油。

2. 把麵包片一片一片的鋪在烤盤上，鋪滿一層後撒上起司，然後再依序鋪上洋蔥片、番茄片、洋蔥片，接著放上大蒜片，最後均勻的撒上撕碎的羅勒葉。

3. 鋪料上淋上少許的橄欖油後再撒上剩下的起司，留一點空間，不要完全鋪滿番茄片，（這樣烤出來比較好看），最後撒上刺山柑。

4. 不用加蓋放入烤箱烤 15 分鐘後，把烤箱轉到焗烤功能後再烤 2～3 分鐘，一直到起司變焦即可。

5. 從烤箱拿出來放涼 5～10 分鐘後即可。

提示：你可以加鋪一層火腿片，這樣就變成法式火腿起司三明治，或者用吃剩的烤雞肉也可以。

黛安・艾姆利的作品南・維寧偵探懸疑系列和艾瑞斯・索納推理（Iris Thorne Mysteries）系列，都曾榮登《洛杉磯時報》的最佳暢銷書書榜。她的單行本《暗夜訪客》（The Night Visitor）由藍燈書屋出版。她和先生一起住在盛產葡萄酒的加州中部。

艾倫・歐爾羅夫

殺手豆腐

我知道很多人不喜歡豆腐。我自己以前也是。幾年前我開始決定要吃得健康些，於是我想，那就試試豆腐吧。為了要讓它變得好吃，我下了很多工夫去嘗試不同的作法，其中也包括很多失敗的作品。巧克力辣醬、香蕉和酒漬櫻桃，各種奇怪的組合我都試過，最後終於成就了這道食譜。

為了要和查寧・海斯（Channing Hayes）系列的第一本《殺手的慣性》（Killer Routine）相呼應，我把這道菜命名為殺手豆腐（看得出關聯嗎？）想當然耳，主角海斯並不喜歡豆腐，就算鄰居的廚房只剩豆腐，他也不會吃的（作為一個喜劇演員，他喜歡那種有卡通人物形狀的甜滋滋的早餐麥片）。

說真的，有好幾次的感恩節晚餐，這道殺手豆腐也出現在餐桌上。

材料：6 人份	1. 拿一個中式炒鍋或者大的平底鍋，倒入油後燒熱。
2 湯匙芥菜籽油 1 個小的洋蔥，切碎 1 個青椒或紅椒，切碎（可不用） 1 塊 1 磅重的硬豆腐，擦乾水分後切丁 ½ 磅冷凍玉米粒，多一點或少一點都沒關係 ¼ 杯芥末醬 ¼ 杯番茄醬 ¼ 杯烤肉醬 3 湯匙或適量辣醬	2. 放入洋蔥（如果你準備了青椒，也是這時候放），開大火炒大概 2 分鐘。 3. 加入豆腐再拌炒 1 分鐘。 4. 接著放入玉米、芥末醬、番茄醬、烤肉醬和辣醬，一起拌炒均勻。 5. 拌炒 5 分鐘左右，一直到所有的食材都均勻上色煮熟即可。

艾倫・歐爾羅夫的第一本推理小說《亡者的鑽石》（Diamonds for the Dead）獲得了 2012 年阿嘉莎獎最佳首作的提名。他的最後的拉夫（Last Laff）推理系列已經出了兩本，分別是《殺手的慣性》和《致命戰役》（Deadly Campaign），他同時也以筆名賽克・艾倫（Zak Allen）寫作，已經出版《味道》（The Taste）、《新手殺手》（First Time Killer）和《向前騎行》（Ride Along）等書。個人網站：www.alanorloff.com。

菲利斯・法蘭西斯

俄式燉牛肉

俄式燉牛肉是我最喜歡吃的菜之一,所以把它寫進了我的小說裡。這道食譜就是《不分勝負》(Dead Heat)書中主角麥克斯・摩爾頓(Max Moreton)主廚的配方。

材料:2人份

½ 磅牛里脊肉
調味用鹽和黑胡椒
拌炒用橄欖油
1 個中型的紅洋蔥,切片
2 大把野蘑菇,切片
一點點麵粉
大量白蘭地
⅓ 杯酸奶油
1 湯匙現擠的檸檬汁
1 茶匙匈牙利紅辣粉
　(paprika)
1 個大的馬鈴薯,去皮
½ 瓣大蒜(可切碎)

作法摘錄自《不分勝負》:

　　我剔除牛肉的油脂後切成肉條,用鹽和胡椒調味,再放到熱鍋裡過油。另一個鍋子炒洋蔥片和蘑菇,炒軟以後加到牛肉裡,加點麵粉再一起炒。接著倒很多白蘭地進去,分量之多嚇到了卡洛琳。點火,燒掉酒精濃度。

　　看著都快燒到天花板的熊熊烈火,卡洛琳大聲說:「你會把整棟公寓都燒掉的。」我笑了出來。

　　接著我把酸奶油和一點點檸檬汁慢慢加到牛肉裡,然後撒上紅椒粉。我準備了一個大顆馬鈴薯要刨薯條,但是卡洛琳沒有刨絲台,所以就用最大孔的起司刨絲台來刨。刨好細長的薯條後,放到炸鍋裡快速炸成金黃香脆的薯條,同時注意爐火上用小火燉煮的牛肉。

　　「我以為俄式燉牛肉是和米飯一起吃的。」她看著我說道:「而且,我沒想到大廚也會用炸鍋做菜。」

　　「我一直有一個炸鍋。」我說:「我知道油炸的東西不健康,但是好吃啊,偶爾吃沒關係的,用好一點的油就好了……」我把炸鍋裡的薯條撈起來,瀝乾油。「傳統俄式燉牛肉是配薯條吃的,不過現在大部分的餐廳都是配米飯。」

　　我們坐在她客廳的沙發上,把大腿當餐桌就這麼吃起來。

　　「味道不錯。」她說:「為什麼叫俄式燉牛肉」?」

　　「俄國人發明的吧,我想……」

　　「真的很好吃。」她又吃了一口:「你放了什麼味道這麼特別?」她滿口食物地問我。

　　「酸奶油和辣料粉。」我笑笑地說道。「以前很多餐廳都有這道菜,但是現在很多餐廳都把牛肉換成蘑菇,菜名應該改成俄式燉蘑菇,變成一道素菜。」

菲利斯・法蘭西斯承襲了家族的寫作傳統,走上推理小說創作之路,他的父親迪克・法蘭西斯(Dick Francis)曾獲得美國推理作家協會大師獎,以及三次艾倫坡獎。他最新的作品《傷害》(Damage)在 2014 年 10 月出版,是他的第九本創作。菲利斯現在和妻子定居在英格蘭。

吉莉安・弗琳

鐵板牛肉辣醬

各位讀者要有心裡準備，我不是什麼美食家。我來自中西部，那裡的飲食傳統就是玉米片和罐頭豆子湯。我書中人物的口味也是這種樸實的路線，他們喜歡簡單好吃的東西。這道鐵板牛肉辣醬是我最喜歡的熱菜，也是小時候母親煮給我們吃的家常菜，現在換我自己煮給我的家人吃。

材料：4 人份	
1 磅牛絞肉 ¼ 杯切碎的洋蔥 2 茶匙鹽 1 茶匙辣椒粉 ¼ 茶匙黑胡椒粉 1 罐 16 盎司裝番茄丁 1 罐 12 盎司裝玉米粒 1 ¼ 杯牛肉湯 ½ 杯青椒條 1 ⅓ 杯速食米	1. 把牛絞肉放在鐵板上炒到焦黃後濾掉肉汁，接著放入洋蔥一起煮到軟嫩。 2. 加入鹽、辣椒粉、黑胡椒粉、番茄、玉米和牛肉湯一起煮到滾。然後加入青椒後再煮到滾。 3. 倒入速食米，然後熄火，把鐵板從爐子上移開，蓋上鍋蓋，燜煮 5 分鐘。 4. 拿一支叉子把飯和醬料拌均勻。 5. 搭配茅屋起司（cottage cheese）一起吃（茅屋起司並非必要，但是加了肯定會更好吃，因為它配什麼都好吃）。 **提示**：如果你用的不是速食米，就要先把米分開煮熟後，再配牛肉醬汁吃。

吉莉安・弗琳的《控制》（Gone Girl）榮登《紐約時報》暢銷書榜的榜首，其他作品如《暗黑之地》（Dark Places）也曾上榜。此外，《鋒利之物》（Sharp Objects）還獲得了匕首獎（Dagger Award）。她本人親自改編《控制》的電影劇本，同名電影由大衛・芬奇（David Fincher）執導，班・艾佛列克（Ben Affleck）主演。

格雷格・赫倫

格雷格的紐奧爾良燉肉球

除了寫作，我最喜歡的就是烹飪。但是像我這樣白天有編輯書稿的正職工作，還要抽時間出來寫書，再加上其他愛好和興趣，要找時間做飯不是件容易的事。我相信每個作家在編輯書稿時，一定都是忙得天昏地暗的，突然晚飯時間到了，完全沒頭緒該煮什麼。

這是經過多年的摸索，嘗試不同的食材，搭配不同配菜後的完美成果，真的是一道非常棒的食譜，更別說肉球和肉汁可以有很多種吃法。當你忙著寫作時，這道菜著實是美味的方便菜。它不用花太多時間準備，煎肉球時順便切甜椒、芹菜和洋蔥，最後把全部食材都放進慢燉鍋裡一起燉就好了，中間只要攪拌一次即可。就利用離開電腦桌去喝水或上廁所的那個空檔去攪拌就好了。燉好的肉球配雞蛋麵、米飯或是馬鈴薯泥都很好吃，我也試過和烤馬鈴薯一起吃，也很棒。一次煮一大鍋，一星期當中搭配不同的主食，即使吃三到四次也不會吃膩，而且越煮味道越好。不到一個小時的準備工夫，就可以換來一星期的輕鬆，可以有更多時間寫作，也不用委屈自己只能吃花生醬三明治。

這麼多年來，我總結出香料和烹飪用雪莉酒是這道食譜不可或缺的重要元素。

我剛寫完史考帝・布萊德利（Scotty Bradley）推理系列第三本《嘉年華的曼波》（Mardi Gras Mambo）後，就開始為下一本小說蒐集題材，我決定以紐奧爾良的某家（虛構的）餐廳為故事場景，為此我走訪了當地許多餐廳，其中有一家很有名的餐廳把四種香料和肉一起燉煮，我從來沒看過這樣的組合。我忍不住問餐廳大廚放了什麼香料，他笑笑地拿一點醬汁讓我嘗嘗。我一吃驚為天人，若有所思地大聲說要在我的燉肉球裡加進這些香料。他嚴肅地點點頭，同時還叮嚀我不要忘了加烹飪用雪利酒。從遇到大廚的那個週末起，我的燉肉球食譜就定版了，自此再沒更動過。

雖然那本餐廳推理小說到最後並沒有寫出來……但是說不定有一天我會完成它！在那之前，先來煮美味的燉肉球吧，好久沒吃了。

材料：6～8人份 （看胃口大小）	1. 拿一個碗放入絞肉和豬絞肉然後加入牛奶和麵包粉後用手拌均勻。接著把絞肉堆捏成數個 1½ 英寸寬的肉球。拿一個平底鐵鍋開中火均勻的把肉球煎到表面焦黃。煎好的肉球放到紙巾上把油吸乾。
1 磅豬絞肉 1 磅瘦的沙朗牛絞肉 ½ 杯牛奶 ½ 杯麵包粉 2 罐法國洋蔥湯 2 罐奶油蘑菇湯 1 杯烹飪用的雪莉酒 1 杯切碎洋蔥	2. 拿一個燉鍋，除了蘑菇，把剩下的食材都放進去一起燉煮到湯汁濃稠後放入肉球，然後用小火燉煮 7 個小時。 3. 放入蘑菇一起燉煮，同時檢查湯汁的濃稠度，如果太稀就用 2 湯匙麵粉兌 1 杯水後倒入湯汁一起煮到變濃稠。重複這個步驟一直到湯汁變濃，不用擔心額外的水分會稀釋湯汁的味道。 4. 繼續用小火燉煮一個小時。

1 杯切碎的甜椒

1 杯切碎的芹菜

2 片月桂葉

鹽、黑胡椒粉、白胡椒粉、卡
宴辣椒粉、乾羅勒、大蒜末
和百里香各 1 湯匙

½ 杯切碎的哈拉貝諾辣椒

2 杯切片的蘑菇

提示：這道燉肉球可以單吃，也可以搭配米飯、雞蛋麵或者馬鈴薯泥一起吃。吃剩的肉汁用塑膠保鮮盒裝好放到冷凍庫保存。冷凍越久味道越好。

變化：不喜歡吃太辣的話，卡宴辣椒粉的用量減半，不要放哈拉貝諾辣椒。想做成燉肉的話，就放入胡蘿蔔和馬鈴薯丁，不過要記得一開始就放進去煮，這樣才會煮透。

格雷格・赫倫的作品獲獎無數，創作產量驚人，已出版將近三十本推理小說和超過五十篇短篇故事。他現在住在紐奧爾下花園區（Lower Garden District），同時也在那裡當廚師。

莎蓮・哈里斯

莎蓮的不做作晚餐肉醬

在結束一天煩人緊張的工作之後，這個食譜很適合來放鬆情緒，轉換心情。它好做又不花時間，只要十分鐘的準備工作，然後小火燉煮就可以去做其他的事了。不過要記得不時去翻動攪拌肉醬以免黏鍋，順便看看要不要多加點紅酒。

材料：5 人份
2 磅雞絞肉或牛絞肉
¾ 杯切碎的洋蔥
至少 2 湯匙辣椒粉
1 包綜合農場調味粉
½ 杯塔可餅調味粉
2 罐 15 ½ 盎司裝查羅豆（charro）
1 罐 15 ½ 盎司裝黑豆，汁水要濾掉
1 罐 6 盎司裝番茄糊
8 盎司番茄醬汁
1 杯紅酒
上菜：吃的時候撒上切達或蒙特傑克起司，還有永遠百搭的玉米片。

1. 將肉及洋蔥放入深煎鍋中，灑上大量的辣椒粉，炒到呈焦黃色。

2. 把 1 的絞肉放入三公升容量的大鍋中，除了起司，放入其餘的食材。

3. 蓋上鍋蓋，小火慢燉至少 1 小時，但要不時攪動。若是覺得質地太稠，可以多加些酒或番茄醬汁。

4. 盛在碗裡，撒上大量起司，用玉米片沾著吃。

莎蓮・哈里斯最近的作品是《午夜十字路口》（Midnight Crossroad），創作之餘，她喜歡嘗試和設計簡單好做的食譜。她說年紀越大，越欣賞單純。莎蓮已經結婚，有三個小孩，都已長大成人，還有兩個孫子和一大群狗。身為專業作家的她，創作生涯已逾三十年，現在定居在德州某個峭壁之上。

卡琳・斯洛特

凱西的可樂烤雞

這道菜是凱西奶奶教我的,她還強調「這道菜簡單到笨蛋都會做」。她說的沒錯,自此它就是我的招牌菜了。任何一個南方人都會告訴你,可樂絕對是讓肉軟嫩的萬能法寶(可樂也可以有效的清除皂垢,不過在這裡我們是用來讓肉變嫩的)。

材料:4～6人份

3 磅有機牛肉(烤肉專用)
調味用黑胡椒粉
1 罐 2 公升裝可樂
2 片肉桂葉
1 杯牛肉湯
1 杯小胡蘿蔔(baby carrots)
1 杯切片磨菇
1 杯切丁的洋蔥
2 支芹菜,切碎
4 個紅皮馬鈴薯,切片
1 杯四季豆,對折後切成兩半
適量的乾巴西利
適量的乾羅勒

1. 把牛肉放到大碗裡均勻的撒上鹽和胡椒,然後倒入可樂到大概覆蓋肉即可。再放入月桂葉。蓋好放入冰箱冷藏一個晚上。

2. 隔天,把可樂倒掉後把牛肉放到慢燉鍋裡,加入牛肉湯和所有的蔬菜、胡椒粉、巴西利和羅勒調味。轉高溫煮 3 個小時。

3. 慢燉鍋轉低溫繼續再煮 3 個小時。

卡琳・斯洛特的作品是《紐約時報》暢銷書榜的常客,她的《條子大本營》(Cop Town)一書獲得了愛倫坡獎,其他十三本作品全球銷量超過三千萬本,被翻譯成三十二種語言出版。她的作品曾經高踞英國、德國和荷蘭等地暢銷書榜首。斯洛特長居於亞特蘭大城,日常活動範圍主要在她的客廳和廚房之間。

凱特・柯林斯

牛肉辣醬包

這個食譜是美國版的希臘辣醬，我的先生是道地希臘人，非常喜歡這道菜。希臘版本的食材用的是羊肉，不過我個人從來不愛羊肉，所以換成了牛肉，同時花了很多心力來讓它更美味，自此它就是我們最喜歡的菜之一。即使在電腦前面工作了一下午，我還是有時間做這道菜。它可以提前做好冷凍起來，要是有客人突然來訪，也不怕沒有菜招待。我熱愛希臘文化，這是我自己獨創的地中海風味牛肉辣醬包。

材料：4 人份	1. 拿一個深的平底鍋，倒入橄欖油開中火炒洋蔥和其他的香料，炒大約 4 分鐘左右。

材料：4 人份

1 個小的洋蔥，切碎

1 湯匙橄欖油

2 茶匙多香粉（allspice）

2 茶匙肉桂粉

½ 茶匙壓碎的紅辣椒片（喜歡辣的可以多放一點）

¼ 茶匙黑胡椒粉

¼ 茶匙或適量海鹽

2 茶匙煙燻匈牙利紅椒粉

1 湯匙巴西利（有就放）

2 茶匙薑黃粉（有就放）

1 磅牛絞肉（可以的話，買牛頸肉）

¼ ～ ⅓ 杯番茄醬

1. 拿一個深的平底鍋，倒入橄欖油開中火炒洋蔥和其他的香料，炒大約 4 分鐘左右。

2. 接著放入牛絞肉和番茄醬，以小火慢慢炒到牛絞肉不再是粉紅色。

3. 把餐包烤熱，放上煮好的肉醬，牛肉辣醬包完成。有鷹嘴豆泥的話，也可以放在肉醬上面一起吃。

提示： 你也可以用慢燉鍋來做牛肉辣醬，只要記得先把牛絞肉表面炒到焦黃。然後把牛肉連同其他的香料和食材一起放到燉鍋，用小火燉煮 8 ～ 12 小時即可。煮好的牛肉辣醬也可以冷凍保存。

凱特・柯林斯的花店推理（Flower Shop Mystery）系列一直很受讀者喜愛，長踞《紐約時報》暢銷書榜，系列當中的第十六本《從根崛起》（A Root Awakening）於 2015 年 2 月出版。喜歡她的讀者們可以上她的個人網站 www.katecollinsbooks.com，裡面有她創作的推理小說、浪漫歷史小說和兒童詩選。

南希・柯恩

杏桃梅李烤牛胸肉

烤牛胸肉（brisket）是一道典型的猶太教節慶料理，通常在猶太新年和逾越節都會出現這道菜。配菜一般是提斯米斯（tismmes），這是一種小火燉煮的蔬菜料理，通常有地瓜、梅干、蜂蜜水煮胡蘿蔔，或者直接將它們和牛胸肉一起煮。我做牛胸肉的獨門調味料是馬莎拉酒（masala wine），做瑞典牛肉丸時也會放。

　烤牛胸肉時，房子裡會瀰漫著讓人流口水的香味，讓我想起小時候在家準備過節的情景。諸事不順（Bad Hair Day）系列的偵探馬拉・休爾（Marla Shore）也喜歡傳承過節的傳統，為家庭成員們準備應景的節慶料理，包括她那位非猶太人未婚夫。在那個系列的其他書中，讀者會發現她非常喜歡過節，《腐爛的根》（Dead Root）中她慶祝復活節，而在《千鈞一髮》（Hanging By a Hair）裡，她慶祝逾越節。辛苦地與謀殺犯鬥智鬥勇，甚至差點犧牲自己的生命才把他們繩之以法，她當然會喜歡每個能和家人朋友歡聚並享受美食的節日。

材料：6～8人份	
3½ 磅平切的牛胸肉 2 湯匙橄欖油 2 個中型的洋蔥，切片 1 杯低鹽的牛肉湯 ¼ 杯馬莎拉酒 3 湯匙巴薩米克醋（balsamic vinegar） 3 湯匙蜂蜜 ½ 茶匙薑粉 ½ 茶匙丁香粉 ½ 茶匙肉桂粉 2 磅甜薯，削皮切塊 1 杯去核的梅干 1 杯杏桃乾	1. 烤箱預熱到華氏 350 度，把牛胸肉多餘的脂肪剔除，拿一個可以進烤箱的荷蘭鑄鐵鍋來煎牛胸肉，兩邊都煎到焦黃後，把肉先拿出來，接著炒洋蔥，炒 5 分鐘左右一直到脫水變小即可。炒洋蔥的同時，拿一個碗放入牛肉湯、馬莎拉酒、巴薩米克醋、蜂蜜、薑粉、丁香粉、和肉桂粉一起攪拌均勻。 2. 把牛胸肉放回鑄鐵鍋裡，放在炒過的洋蔥上，倒入 1 的湯蓋過牛肉，蓋上鍋蓋，送入烤箱烤 2 個小時。 3. 2 個小時後加入地瓜塊，撒上梅干和杏桃乾。再蓋上鍋蓋放回烤箱再烤 1 個小時，或者到肉變得軟嫩即可。 4. 把肉拿出來放在砧板上，用深的湯匙把水果乾撈出來。牛胸肉橫切成薄薄的肉片，配著水果乾和肉汁一起吃。

南希・柯恩的諸事不順推理系列筆調幽默，主角馬拉・休爾是一位美髮師，在炙熱的佛羅里達豔陽下，她憑藉智慧和亮麗的外型漂亮地偵破案件。她的最新作品也是第十一本著作《千鈞一髮》已經出版，有興趣的讀者可以去她的個人網站 www.nanchjcohen.com 看看。

貝絲・葛蘿德瓦特

龍蒿覆盆子烤牛肋佐芒果莎莎醬

在我的家鄉科羅拉多州，大家都喜歡牛肉，因為那裡盛產肉牛。雖然大家都說牛肉脂肪太高不健康，不過牛肋排這個部位的油脂不多，大部分是瘦肉，在這個食譜裡用的就是牛肋排，搭配富含維他命的蔬菜，葷素搭配，營養均衡。在一整天的泛舟運動後，在河邊的露營營地就可以輕鬆做出這道菜，在我的洛磯山脈戶外冒險（Rocky Mountain Outdoor Adventures）系列的主角，河川保護員兼泛舟教練曼蒂・泰諾爾（Mandy Tanner）就會做這道烤牛肋排。

材料：6 人份	
1 大塊牛肋排 2 茶匙乾的龍蒿，分批用 ⅔ 杯低脂覆盆子沙拉醋 1 個熟的芒果 1 罐 16 盎司裝奇波雷莎莎醬 2 個中等大小的洋蔥 1 大把新鮮的羽衣甘藍 2 湯匙蔬菜油 調味用鹽和黑胡椒	1. 把牛肋排兩邊均勻的抹上半茶匙的龍蒿，然後放在覆盆子沙拉醋裡醃漬 1 ～ 2 個小時，中間要記得翻面。 2. 預熱烤架，芒果剝皮切成丁和莎莎醬加上 1 茶匙的龍蒿攪拌均勻後，放旁邊備用。 3. 剝掉洋蔥外皮，切成兩半，再切成 ¼ 英寸後的薄片。羽衣甘藍洗乾淨後撕成一口大小備用。 4. 把牛肋排放到烤架上，每邊烤 5 ～ 6 分鐘一直到五分熟左右。烤牛肋排的同時，拿一個不沾鍋，開中火，倒入橄欖油炒洋蔥，炒 8 ～ 10 分鐘左右到變成金黃色即可， 5. 轉到中火，放入羽衣甘藍和剩下的半茶匙龍蒿到平底鍋裡和洋蔥一起拌炒，加入鹽和胡椒調味後，蓋上鍋蓋，燜煮 3 ～ 5 分鐘，等到甘藍的顏色變綠變軟即可。 6. 洋蔥、甘藍菜炒好後，把它們平均分到 6 個盤子裡，這時還不要管烤架上的牛肋排。 7. 蔬菜分好後，把牛肋排對角斜切成薄薄的肉片，每個人 4 片，圍著甘藍菜鋪成扇形。在肉片淋上芒果莎莎醬後，馬上開動，剩下的莎莎醬放在桌上各自取用。

貝絲・葛蘿德瓦特的作品有禮盒設計師克萊爾・漢諾瓦（Claire Hanover）推理系列和洛磯山脈戶外冒險推理系列。後者的主角曼蒂・泰諾爾熱愛科羅拉多州的自然風光。葛蘿德瓦特喜歡從事各種戶外活動，像滑雪和泛舟。她也喜歡參加讀書俱樂部分享閱讀心得。她的個人網站是www.bethgroundwater.com。

露意絲・佩妮

班諾瓦特太太的奎北克肉派

我住在魁北克省蒙特羅南部鄉下，鄰居珍妮・班諾瓦特（Jehane Benoît）教我怎麼做這道肉派，當地人都稱呼她班諾瓦特太太。珍妮是第一位將魁北克料理和食譜集結出書的人，書裡選的菜有鄉村菜也有宴會菜，不管是樸實還是精緻，都是美味的料理。她對推廣魁北克料理所做的努力，深受當地人的欽佩和愛戴。

珍妮在 1987 年過世，生前住的那條路離我家不遠，為了紀念她重新改名為班諾瓦特路。肉派是魁北克特有的料理，不同地區又各有自己的原創性，因此每個地區的肉派吃起來都不太一樣。其實就是一個再簡單不過的肉派，只是每個地區使用的肉和部位不同，才會有這麼多種變化。除了肉，有些人還會計較調味的香料和肉的切法，更不用說馬鈴薯了，一提起來，爭論不完的。

肉派不分季節，什麼時候都可以吃。現在在魁北克已經變成節慶料理，像家人團聚的聖誕夜和除夕夜。這些節日裡的聚會通常叫午夜攤（revellion），意思是指「保持清醒撐到午夜才吃飯」，或是「該死的，我肚子要爆了，不過還是可以再來一塊肉派……」

在我的《致命的優雅》（Fatal Grace）書裡，有描寫聖誕夜的午夜攤聚會。

> 壁爐的火已經點上，有幾位賓客也喝得滿臉通紅了。餐桌上擺滿了砂鍋燉肉、肉派、自製的烤豆子和楓糖煙燻火腿。桌子的前端擺了一隻火雞，姿態高傲得像維多利亞時代的紳士。
>
> 艾蜜利・隆格瑞遵循家族傳統，辦了聖誕夜聚會，一路開懷大吃到聖誕節，這是魁北克的傳統。同樣在這個家，她的母親和她的奶奶也是在每年的聖誕夜舉辦午夜攤。

要為這本書挑選一道肉派食譜，還真是件不容易的事，我說過，魁北克每個地區的人都認為自己的肉派才是最道地正宗，其他都是仿冒，難吃得要命，甚至有毒。

為了避開正宗肉派頭銜大戰這個地雷，我決定選用班諾瓦特女士的肉派食譜，希望魁北克的鄉親們能了解我對那位傑出鄰居的支持和愛戴。

材料：1 個 9 吋大的派

1 磅豬牛混合絞肉或混有小牛肉的豬牛混合絞肉
1 個小的洋蔥，切碎
1 瓣大蒜，壓碎

1. 烤箱預熱到華氏 400 度，拿一個醬汁鍋，放入所有的食材和調味料，派皮和麵包粉除外。一起煮到滾後轉中火再煮 20 分鐘。

2. 把鍋子爐火移開，加入滿滿的 3～4 湯匙的麵包粉，然後放 10 分鐘。如果絞肉的油脂都被麵包粉吸收，就不要再加麵包粉，如果還是有油水就再加。

½ 茶匙鹽

¼ 茶匙芹菜鹽

¼ 茶匙丁香粉（道地的魁北克肉派一定要放丁香）

½ 杯水

¼ ～ ½ 杯麵包粉

派皮方面，只要是能鋪滿 9 英寸派盤的油酥皮即可

3. 把鍋子放回爐火上繼續煮，同時把一半的派鋪在派盤上，把肉餡倒入派盤裡，然後再把另一半的派皮蓋上去。

4. 送入烤箱烤到派皮表面呈現金黃色（烘烤的時間依照你買的派皮包裝上的指示）。烤好後，趁熱馬上吃。

提示：烤好的肉排可以放在冷凍庫裡保存 4 ～ 5 個月，要吃時也不用先解凍。要回烤肉派時，先蓋上鋁箔紙，然後放在烤箱的中層烤，烤到用刀子插入中央拔出來是熱的話就烤好了。

露意絲・佩妮創作的加瑪歇探長（Chief Inspector Gamache）推理系列曾名列《紐約時報》暢銷書榜，在她的小說裡，大多數場景都設在一個虛構的三松村。她的作品曾經榮獲許多文學獎項。《漫漫歸鄉路》（The Long Way Home）是她的第十本小說。露意絲現在和丈夫住在魁北克郊外靠佛蒙特州邊境的小村莊。

史考特・杜洛

無罪的烘蛋餅

在《假設無罪》（Presumed Innocent）的續集《無辜》（Innocent）裡，被害人因為毒物反應而身亡。被害人本身有憂鬱症，固定使用吸入式抗憂鬱劑。使用這種抗憂鬱劑要避免食用發酵和醃製的食品，例如臘腸、陳年起司、優格和紅酒等，要不然會產生致命的毒物反應。只要你沒有服用抗憂鬱症的藥物，就能開心安全的享受這道烘蛋餅啦！

材料：1個大的烘蛋餅

---

1 杯切碎的薩拉米香腸（salami）

½ 杯罐頭朝鮮薊心，瀝乾水分，切碎

½ 杯櫻桃番茄，切碎

1 罐 4½ 盎司的切片蘑菇，瀝乾水分

6 顆蛋

⅓ 杯原味優格

2 個青蔥，切碎。

1 瓣大蒜，壓碎

1 茶匙乾羅勒

1 茶匙洋蔥粉

1 茶匙鹽

調味用現磨的黑胡椒

½ 杯刨絲的莫札瑞拉起司

½ 杯刨絲熟成的帕瑪森起司

1. 烤箱預熱到華氏 425 度，拿一個 2 公升的烤盤抹油。

2. 拿一個平底鍋開中火燒熱後放入香腸、朝鮮薊、櫻桃番茄和蘑菇一起拌炒 4 分鐘左右，炒到熟即可，然後把它們倒到烤盤上。

3. 在大碗中放入蛋、優格、青蔥、大蒜、乾羅勒、洋蔥粉、鹽和黑胡椒一起打散攪拌均勻，然後倒入放著香腸的烤盤裡，撒上起司。

4. 放入烤箱烤到蛋液凝固，起司融化即可，大概要 20 分鐘左右。

5. 準備紅酒和熱騰騰的烘蛋餅一起享用。

史考特・杜洛（Scott Turow）是一名作家，同時也是檢察官。他寫了十本暢銷小說，包括 1987 年出版的第一本小說《假設無罪》和續集《無辜》。他的最新作品《如假包換》（Identical）在 2013 年 10 月由 Grand Central Publishing 出版。除了推理小說，他同時也寫了兩本有關他當律師時經歷的書。

李·查爾德的暢銷書食譜

「寫一本暢銷書，就像是策劃一場精彩的電視烹飪秀。節目一開始，每個廚師都會拿到滿滿一冰箱的食材，像是豆芽菜、蜂蜜、松子、巧克力、辣根和芝麻菜等，有時候連啤酒都有。廚師們要用被分配到的食材來煮出讓評審驚豔的料理，最好吃又與眾不同的就是贏家了。

　　每本書的開頭，就像是堆滿食材的冰箱一樣，充滿了破案的線索和偵辦的走向。案情資訊和各種意見，故事的情節和書中角色的個性，隨著故事的進行，我得要好好的運用我的食材，在適當的時機，讓它們發揮最大的功用，一直到故事結束。我得承認有時候也會需要額外的補給，充實我的創作素材冰箱。不過，這種情況通常是因為出現了新的想法，所以需要新的搭配組合，不管如何，到最後答案自然而然就會出現，一個好的故事就是這麼完成的。」

—— **李·查爾德**（食譜請見第169頁）
漢克·菲力普·雷恩採訪（請見第100頁）

克里斯 · 派馮

波隆尼亞肉醬粗管麵

開始寫小說之前,我是一名編輯,有一陣子負責食譜書,編輯了成千上萬道食譜,得獎的大廚、著名的電視烹飪節目的廚師和資深的素人美食作家的食譜,我都一一過目。除了這些,我還審閱了無數自行投稿的食譜書。因為如此,仔細閱讀食譜變成了我的嗜好,讀著讀著我也自己試著煮。但是讀了那麼多的專業食譜,我最喜歡的一道菜是我在當食譜書編輯以前就知道了。這道食譜隨著時間也跟著我不斷的進化(我以前用的是重奶油、肉豆蔻和牛肉,現在全部不用。現在有時候肉會改成臘腸)。我不會告訴你這是正宗的波隆尼亞肉醬,就像我也不是一個波隆尼亞人。但是這道肉醬從我十八年前第一次煮到現在,味道都差不多,那時候我是煮來討好第一次約會的女伴,現在我煮這道肉醬麵,則是為了討好我的九歲雙胞胎孩子們,他們一樣很喜歡。

材料:4 人份

3 湯匙特級初榨橄欖油

1 磅小牛絞肉和 1 磅的豬絞肉

調味用鹽和現磨黑胡椒

1 杯不甜白葡萄酒

1 湯匙無鹽牛油

1 顆中型洋蔥,切細丁

2 根胡蘿蔔,削皮切細丁

2 支芹菜,切細丁

2 湯匙番茄糊

1 罐 28 盎司的 San Marzano
番茄罐頭

3 杯雞湯,分開使用

2 片月桂葉

4 支新鮮的百里香

4 支新鮮的奧勒岡

1 磅乾的粗管麵

1 杯全脂牛奶

½ 杯現磨的帕瑪森起司

1 杯新鮮的瑞可達起司
(ricotta cheese,沒有也沒
關係)

---

1. 準備一個鑄鐵鍋或者是可以進烤箱的厚底深鍋,以中火熱鍋,倒入 1 湯匙的橄欖油,油開始冒泡了以後,放入牛絞肉、鹽和黑胡椒調味,拌炒 5 分鐘到絞肉呈現焦黃色。用一支漏勺把炒好的牛絞肉舀起來放到另外一個大碗裡。再開火熱鍋,倒入些許酒,用木湯匙把鍋邊焦黑的部分刮下來,然後倒入放牛絞肉的大碗裡。接著熱鍋炒豬絞肉,一樣用鹽和黑胡椒調味,但是放多一點,炒好後一樣把豬絞肉放到大碗裡,用酒洗鍋,再把汁液倒入大碗裡。這樣你就做好一大碗豬牛混合絞肉和美味的肉汁。

2. 烤箱預熱到華氏 350 度

3. 再次開火熱鑄鐵鍋,放入剩下的橄欖油和牛油來炒洋蔥,炒 5 分鐘到洋蔥縮小出水後,再放胡蘿蔔丁、芹菜丁一起拌炒,加鹽和黑胡椒調味後,繼續炒 5 分鐘左右到蔬菜變軟,然後加入番茄醬再拌炒 1 分鐘,倒入一點白酒稀釋稠度後,接著倒入罐頭番茄和 2 杯雞湯。把火轉大繼續燉煮。將月桂葉、百里香和奧勒岡用一條 10 公分左右的麻線綁好後,丟到鍋子裡一起燉煮,增加風味。當湯開始滾後,倒入那一大碗混合絞肉然後熄火。

4. 把鍋放入烤箱不加蓋燜煮 2 個小時,中間記得用木匙去翻動肉汁,把番茄弄碎,如果湯汁變得太少,就再加入更多的雞湯蓋過湯料。

5. 拿一個大鍋放入鹽和水煮沸，記得水要和海水一樣鹹才可以。水滾後放入粗管麵，依照包裝上的煮麵時間，煮到彈牙的口感就可以撈出來了。絕對不可以把麵煮過頭，這時候的麵要有一點硬度，因為接下來還要和肉汁一起煮。

6. 煮麵的同時，把放入烤箱的鑄鐵鍋拿出來確認肉汁的稠度。如果太稀的話（應該是不會，但是誰知道），放到爐子上開大火讓肉汁再滾個幾分鐘，同時要記得一邊攪拌，然後再轉到中火，加入牛奶慢燉。每隔幾分鐘攪拌一下，記得不能讓肉汁滾起來（滾的話會奶汁分離）。撈出香草丟掉，這時候鍋裡的肉汁應該會比麵條需要的量還多三分之一，把多餘的肉汁舀出來放到另一個碗裡，留著待會兒拌麵用。也可以放在桌上，讓大家自行取用或留著明天晚上用。

7. 煮好的粗管麵瀝乾水分，留一碗煮麵水，接著把麵倒入肉汁裡，開中火再煮 2 分鐘，要記得不時的攪拌，如果太黏或太乾的話就加入一點煮麵水，一次 1 湯匙的量，需要的話也可以加一點肉汁。

8. 把鍋子移開爐火，加入一半的帕瑪森起司和麵一起攪拌均勻，然後再慢慢的拌入幾大匙的瑞可達起司，如果有剩下的起司就放在餐桌上備用。試一下味道，沒問題的話，我就會豪邁地把整鍋麵端上桌。這個充滿歷史的老鑄鐵鍋，是十八年前還是我女朋友的老婆送給我的，當時我們才交往幾個月而已，不過從那時候開始我就決定要一輩子為她做飯。

克里斯·派逢的《流放者》（The Expats）曾經名列《紐約時報》的最佳國際暢銷書榜單，同時也獲得了愛倫坡和安東尼獎的最佳首作。另外一本《意外》（The Accidents）也名列《紐約時報》暢銷書榜單。克里斯目前居住在紐約。

傑拉德・艾利亞斯

翁布里亞風味烤豬肉

1997 到 1998 年間，我暫別了猶他交響樂團的副首席位置，展開一段愉快的在職進修之旅，帶著家人在義大利翁布里亞（Umbria）省附近的山城租了一棟農莊。每個週日是當地的農夫市集日，我一定不會錯過老石拱門下那一攤賣烤豬肉的。攤主天還沒亮就開始準備，一整隻豬攤開在烤肉叉上如同巨獸般懾人。攤主把調味好的烤全豬切片，肥瘦相間，然後再加一點豬肝放在熱騰騰的硬餐包上販售。我對烤豬肉的熱愛得到他的認可，因而同意告訴我這道烤豬肉的作法。結束進修回到美國後，我試著用不同的豬肉部位，希望能重現當時的美味烤豬肉。

　　我的丹尼爾・亞克布斯（Daniel Jacobus）推理系列第一本《魔鬼的顫音》（Devil's Trill）中，寫到一個十七世紀的侏儒小提琴家族，他們沒有什麼錢，外號「皮可力諾二世」的家族成員馬提歐・車魯比諾（Matteo Cherubino）很貪吃，甚至願意為了吃一小塊烤豬肉而免費演奏。說實話，我知道這個小插曲跟這道菜的關聯很勉強，但是至少藉由這樣的附會，我可以做這道好吃到上天堂的烤豬肉。

材料：8 ～ 10 人份
（每個人都可以吃得飽）

---

1 整塊豬的前腿肉（皮和骨頭都要留著），大概 8 ～ 10 磅重。
大約 1 杯橄欖油
1 整粒大蒜，剝皮
1 顆新鮮完整的茴香球
1 ～ 2 把大的新鮮迷迭香
調味用鹽和黑胡椒粉
1 整個豬肝（如果有的話）

1. 用最低的火力預熱烤箱或有蓋的瓦斯烤肉爐。在一個大砧板上用一把銳利的刀沿著豬腿骨的方向切肉，把骨頭兩邊的肉像蝴蝶翅膀一樣切開攤平，肉大概 1 英寸厚（寧願切厚一點也不要切斷，不過要是切過頭了也沒關係）。

2. 把展開的豬腿肉用保鮮膜包起來後再蓋上廚房餐巾。拿支木槌用力把整塊肉打平（同時也軟化肉質），再把橄欖油均勻的倒到肉上。

3. 接著再放幾瓣大蒜、茴香球莖、一些迷迭香、鹽、大量黑胡椒粉和豬肝到肉上。然後把整塊肉捲起來，用棉線綁緊。

4. 把剩下的大蒜切細，在大碗中倒入橄欖油，放入茴香葉和剩下的迷迭香、鹽和黑胡椒來做烤肉醬。在綁好的豬腿肉外層抹上烤肉醬。

5. 把整塊肉直接放入烤箱（記得烤架下面要放烤盤來接油），或者放到瓦斯烤肉爐上烤。如果你是用烤肉爐的話，不要把肉放在爐火的正上方，放在旁邊用邊火即可（個人建議）。每隔幾小時把烤架旋轉 90 度，約烤 7 ～ 8 個小時，直到刀子一切就開。準備硬的義大利餐包，放上一點肉、脂肪和皮，美味的烤豬肉完成！

傑拉德・艾利亞斯是國際著名的小提琴家、作曲家、指揮家和作家。他在得獎作品丹尼爾・亞克布斯推理系列中，揭露了古典音樂世界不為人知的暗黑角落。他的散文觀點銳利，挑撥世俗的成見，短篇小說也一樣精彩，許多知名出版社都以出版他的作品為榮。

荷波・克拉克

辣砂鍋燉豬肉

不用懷疑，我們南方人會很有禮貌的大聲說出南卡羅萊納州的名菜除了烤肉還是烤肉。我們非常自豪這裡是全美四大烤肉醬的發源地：芥末醬、醋味辣椒醬、酸味番茄醬和甜味番茄醬，不管你喜歡那一味，烤肉醬一定是配豬肉的。在這裡其他的肉可能和其他州的作法差不多，但是說到烤肉，就是豬肉。芥末烤肉醬可以說是招牌，只有在南卡羅萊納州才有，據說是十八世紀來到這裡的德國墾荒者所留下來的。醋味辣椒醬是第二受歡迎的口味，在靠海岸的那一帶很受喜愛，我的卡洛琳娜・史萊德（Caroline Slade）推理系列的故事場景就是在那一帶。

這道食譜之所以產生是因為我沒有太多的時間來做菜，有時候我會根據用餐者的口味加重調味。正統的烤肉是需要花時間在炭火上慢烤的，但是當我在書桌前忙著寫卡洛琳娜・史萊德的大逃亡時，沒有那麼多時間去查看烤架上的豬肉。身為一個農業防罪調查員，史萊德探員了解慢烤豬肉的美味。在那本情節瘋狂的《鄉下賄賂案》（Lowcountry Bribe）中，那個庸俗、心思險惡又兇殘的養豬戶差點害她丟了工作、家人，甚至是她的小命。儘管和對手展開生死追逐戰的同時還要忍受他全身刺鼻的豬騷味，她不會因此就忘了骨子裡根深柢固的南方烤肉魂。這道食譜是獻給她的，一位老是在外奔波辦案，熱愛南方美食的真女人。

材料：8 人份	
2 個大的甜洋蔥	1. 把洋蔥撲滿在砂鍋的底部或者其他類似的慢燉鍋。鋪好洋蔥後把豬肉放上去。
2 到 3 磅去骨豬腰肉	
1 杯熱水	2. 在大碗中放入所有的調味料，拌均勻後倒在豬肉上。
¼ 杯糖，白糖或棕糖都可以	
3 湯匙紅酒醋	3. 蓋上鍋蓋，開小火煮 7 個小時或者大火煮 3 ～ 4 小時。
2 湯匙醬油	
2 湯匙番茄醬	
1 茶匙黑胡椒粉	
1 茶匙鹽	
1 茶匙大蒜丁	
1 湯匙卡宴辣椒醬或者塔巴斯科醬也可以	

荷波・克拉克是得獎作品卡洛琳娜・史萊德系列的作者，故事場景設在南卡羅萊納美麗的鄉間，情節圍繞著農業犯罪活動，和她另一個艾迪斯托海灘（Edisto Beach）推理系列都由 Bell Bridge Books 出版。荷波的作品也會發表在 www.fundsforwriters.com，該網站連續十四年被《讀者文摘》選為 101 最佳作家網站之一。荷波的個人網站：www.chopeclark.com。

琳賽・菲

懷爾德的奶油燉雞肉

在我的小說《哥潭的諸神》（The Gods of Gotham）和其後的續集裡，提摩西（Timonth）和瓦倫丁・懷爾德（Valentine Wilde）這對兄弟愛恨交織，衝突不斷。承襲著悲慘的家族歷史，兩兄弟動盪的童年是在南北戰爭前非常貧困的紐約曼哈頓度過的，可想而知，他們的見識和舉止也不會多迷人。儘管歷經各種磨難，弟弟瓦倫丁的廚藝卻將兩人緊密結合在一起。他努力對抗嗎啡成癮症和各種自毀傾向，隨著故事的發展，讀者將發現在他們相依為命的孤兒時期，廚藝是他唯一能為他的兄弟做的好事。

這對兄弟的關係永遠是針鋒相對，爭吵不斷，從來不是血濃淤水。在小說中，大哥提摩西催促他趕快找個工作賺生活費，因為他不想再吃「瓦倫丁該死的奶油燉雞」，「我弟弟煮的飯就跟他的打掃一樣亂七八糟」。提摩西認為，這道奶油燉雞根本就是弟弟隨便亂煮的大雜膾。我在書裡安排瓦倫丁煮這道菜，就是要展示他與眾不同的廚藝和他為什麼要做飯這件事。這道菜既豐盛又高雅，是一道湯多味美的美式家常菜，和最早講求步驟精確的法國版本差了十萬八千里。如果你嘗試為所愛的人下廚煮這道菜，我會非常高興。

我盡量還原 1845 年當時的紐約風味奶油燉雞食譜，瓦倫丁當時用的蔬菜是夏季的時令蔬菜，所以你也用當季的新鮮蔬菜吧。如果你沒辦法自己熬雞高湯，買不到新鮮的鮮奶油，沒有自家菜園種的香料，找不到書裡提到的經典紅色公雞調味料，別擔心，你依然非常了不起，我還是會想要和你做朋友。如果你能就地取材發揮創意來做這道菜，那就讓我向你擊掌致意，這種精神就對了。

最後要特別感謝「美國人的味蕾」茱莉亞・柴爾德女士（Julia Child）、我丈夫加布瑞爾（Gabriel），還有《女士專屬烹飪書》（The Lady's Own Cookery Book，1844 年出版）的作者夏洛特・坎伯・布爾瑞（Charlotte Campbell Burry）。

材料：4～6 人份

1 隻 3～4 磅重的全雞，帶骨帶皮，把雞翅膀和雞腿切掉，雞胸切半。

很多的鹽和現磨的黑胡椒調味

4 湯匙（½ 條）牛油，分開使用

2 個中型甜洋蔥，切片

1 支大蔥，要仔細清洗乾淨，切成圓段

3 瓣大蒜，壓碎

1. 雞肉用大量的鹽和黑胡椒調味。拿一個大的荷蘭鑄鐵鍋，丟入牛油開中大火融化。當牛油開始冒泡，放入雞肉煎到金黃，兩面各煎 4 分鐘左右。雞肉煎到像深色蜂蜜那種焦黃色，起鍋放到大碗裡保留肉汁。

2. 轉中火，鑄鐵鍋裡放入洋蔥炒 8 分鐘左右到透明的程度，用木勺把鍋底焦掉的部分刮起來。

3. 丟入剩下的牛油、大蔥段、大蒜和蘑菇一起拌炒 6 分鐘左右。蔬菜炒到出水後，倒入白蘭地一起煮，不時翻炒到汁水都蒸發掉。

10 盎司各種蘑菇（例如羊肚蕈在當時就很普遍，你就用買得到的）

¼ 杯白蘭地

2 湯匙麵粉

2 ½ 杯雞高湯（自己熬的最好）

1 大把新鮮的迷迭香，折成兩半

5 支新鮮的百里香

3 顆蛋黃

1 杯優質高脂鮮奶油（新鮮的鮮奶油會讓這道菜更美味）

½ 茶匙現磨的豆蔻

1 盎司新鮮的檸檬汁

½ 杯切碎的新鮮巴西利

2 湯匙切碎的新鮮百里香

4. 一點一點的把麵粉放到炒蔬菜裡，一起拌炒 2 分鐘左右。再倒入雞高湯，讓蔬菜和雞湯混合均勻，記得用木勺把鍋底或鍋邊焦掉的部分刮起來。

5. 開文火慢慢的燉煮蔬菜雞高湯，然後把之前煎好的雞肉、碗裡的肉汁放回鍋裡煮。放入迷迭香和百里香到鍋中，不怕麻煩的話，可以用棉線綁好香料，這樣待會兒比較好取出。蓋上鍋蓋，開小火慢慢的燉煮 20 ～ 25 分鐘。拿一支廚房用溫度計，當雞胸的部分顯示華氏 160 度、雞腿的部分華氏 175 度，就表示肉煮熟了。

6. 燉煮雞肉的同時，把 3 顆蛋黃倒入全脂鮮奶油裡一起打勻後放在工作檯上備用。

7. 把煮好的雞肉取出放到盤子裡，把羅斯瑪麗和百里香取出。慢慢地加入一湯勺熱湯到剛剛打好的蛋奶液裡，然後快速的攪拌均勻，記得不要讓蛋結塊。以同樣的步驟再加入兩勺雞湯 。最後把雞湯蛋奶液倒回鑄鐵鍋裡，和鍋裡的湯一起攪拌均勻。

8. 開小火把鑄鐵鍋裡的高湯煮到變濃稠。加入磨好的肉豆蔻、檸檬汁和切碎的新鮮香草，然後加入鹽和黑胡椒調味。最後把雞湯蔬菜醬倒入盛著雞肉的盤子，香濃的奶油燉雞肉完成。

提示：這道奶油燉雞可以配義大利麵、飯或者馬鈴薯泥一起吃，也可以搭配切片麵包當作一道小菜。

琳賽・菲的提摩西・懷爾德（Timonth Wilde）三部曲是享譽國際的暢銷小說。這個系列的第一本《哥潭的諸神》（Gods of Gotham）榮獲愛倫坡獎最佳小說提名。美國圖書館協會（American Library Association）認可她的創作為「最佳美國原創懸疑故事」。菲的作品被翻譯成十四種不同的語言出版。

沙拉・派瑞斯基

賈布瑞拉無花果雞肉

不屈不撓、越挫越勇的芝加哥私家偵探瓦爾肖斯基（V.I. Warstawski）和母親賈布瑞拉感情非常好。她的母親在她十六歲的時候就過世了，是一個來自義大利翁布里亞的難民，住在芝加哥東南方一處灰暗的煉鋼廠附近。她努力想在移居地重現童年在義大利老家的景觀，所以在前院種了橄欖樹，家裡播放著家鄉的音樂，廚房裡煮的也是家鄉菜。警探非常思念母親，常常想到媽媽拿著從家鄉帶出來的紅色威尼斯玻璃酒杯小酌的神態。她非常珍惜小時候媽媽傳給她的食譜，會在特別的節日裡烹煮這道以母親的名字命名的雞肉料理。

材料：4 人份	
足夠覆蓋一個長柄平底鍋的橄欖油，再另外加 1 湯匙 2 瓣大蒜，切碎 1 隻 7 ～ 10 週大、重 2½ ～ 4 磅的全雞，切塊 ¼ 杯法國雅馬邑白蘭地（Armagnac） 1 杯灰皮諾（pinot grigio）白葡萄酒或其他不甜白葡萄酒 6 個無花果，每個切成四等分	1. 長底平底鍋倒滿橄欖油開火加熱 30 秒後放入大蒜拌炒到呈現金黃色再持續拌炒。把大蒜取出，留下蒜油。 2. 再加入 1 湯匙的橄欖油到平底鍋裡，轉大火放入雞肉油煎兩面。 3. 把平底鍋移開爐火，倒入雅馬邑葡萄酒，用火柴點火燃燒再把平底鍋移回爐子上（雅馬邑葡萄酒一倒下去就要馬上點火要不然酒精會燒不起來）。 4. 酒精燃燒完全後，再倒灰皮諾白葡萄酒和鍋中的雞肉一起燜煮。蓋上鍋蓋，轉小火煮到雞肉變軟嫩，大概要 39 到 45 分鐘。 5. 然後再加入無花果和之前的大蒜酥一起再煮 10 分鐘。 6. 準備青蔬沙拉和這道料理一起吃，別忘了還要有一杯冰涼清爽的白葡萄酒。

沙拉・派瑞斯基是上一屆美國推理作家協會大師獎的得獎人，她最富盛名的推理系列主角是芝加哥私家偵探瓦爾肖斯基（最新作品《群聚效應》〔Critical Mass〕），非常有資格來談吃的，因為她的家徽就是放滿刀叉的餐盤，上面的家訓是：「每頓飯都要吃，永遠不准剩菜。」

查爾斯・陶德

奧斯卡雞肉卷配海鮮荷蘭醬

伊恩・拉格里奇與貝絲・克勞馥（Ian Rutledge and Bess Crawford）系列設定的時空背景是二戰期間，因為當時船隻都被軍隊徵用，食物經常短缺，包括肉品及新鮮產品，一般人只能透過私人菜園及當地雜貨店取得生活所需。在那幾年間，你只能追憶最愛的食物、渴望傳統美食以及特別的餐點，只因產出它們的農田已被壕溝、軍隊和悲劇摧毀殆盡。

　　這道食譜所需的材料，即使大戰期間最頂級的餐廳也無法取得。當然，我們還會加以美化，並添加一點個人風格，即便這麼做與當時的英國料理常規不符（姑且稱之為創意）。這些食材能為這道菜增加特殊的風味，且如今一年四季都買得到。這道菜的雞肉部分可以事先做好後冷藏，要用時再加熱，這也是它受人喜歡的原因之一。

材料：4 人份

4 塊 6 ～ 8 盎司的去皮無骨雞胸肉

1 包新鮮嫩菠菜，清淨，去梗，汆燙*，攤在紙巾上吸乾水分（不要把菜葉往紙巾上壓）

1 顆紅色彩椒，切成 ⅛ × ⅛ ×3 英寸的直條（弧形的部分不用）

細切的新鮮巴西利（攤在廚房紙巾上吸乾水分）

½ 茶匙老港灣海鮮調味料（Old Bay seasoning）

3 罐 6 盎司裝蟹肉罐頭

1 湯匙粗鹽或海鹽

1 湯匙白胡椒粉（味道比黑胡椒重）

荷蘭醬（用現成調味包也可，但還是現做味道最好。這道醬汁要提前做好，別忘了吃前要加入半顆青檸汁和 3 滴塔巴斯科醬）

1. 裁切 4 張 12 × 10 英寸的烘焙紙，然後每張烘培紙再對折。

2. 把雞胸肉上的韌帶和脂肪剔除乾淨，然後把 4 塊肉分別放入對折的烘培紙裡。用捶肉棍孔齒比較細的那一面輕輕把肉平滑的那一邊敲成約長方形即可，記得表面不要敲出孔痕。是的，喬治，用一般的槌子也行。但是請記住，那是我們的晚餐，不是鐵釘。

3. 裁切 4 張跟 1 的烘焙紙一樣大小的保鮮膜，把肉平整光滑的那一邊朝下放在保鮮膜上，輕輕把鹽和白胡椒粉按摩到每片肉裡。

4. 每片肉上薄薄鋪上一層嫩菠菜。菜要完全覆蓋住肉，不要露出空隙。

5. 菠菜上再鋪上一層薄薄的蟹肉。我知道每個人都想要蟹肉越多越好，但是相信我，這裡薄薄的一層就夠了。記得把蟹肉結塊的地方剝碎，這樣才能鋪得平整。

6. 沿著雞胸肉比較長的那一邊，放上幾條紅椒條。

7. 從鋪紅椒條的那一邊開始，把雞肉像做蛋糕卷那樣往內捲，烘培紙會在中央。要有耐心慢慢捲，沒有人第一次就上手的。

8. 把捲好的雞肉用保鮮膜蓋起來，然後像巧克力奶油糖那樣緊緊地捲起，兩端要捲緊，這樣才會看起來像正方形。把兩端放在雞肉卷下收尾，然後放到一張 8 英寸大小的錫箔紙上包好後，放入冰箱冷藏。錫箔紙一定要完全緊密地包覆住雞肉卷。恭喜你！你做了一條錫箔熱狗！

*指把食物放入滾燙的水中煮到半熟。通常汆燙蔬菜和水果可以讓它們的顏色更鮮亮或質地變柔軟。汆燙的時間從幾秒鐘到最多 1 分鐘。汆燙好的食物要馬上移到冰水裡去冰鎮，停止加熱，同時定色。

9. 在大鍋中注入 2 公升的水煮沸（記得加點鹽），水滾後把 8 的錫箔雞卷放進去煮 20 分鐘左右。

10. 用一支烹飪溫度計插入雞肉卷中，尖端部分要插到雞肉卷中間，檢查溫度是不是在華氏 150 ～ 155 度之間。

11. 喬治說的沒錯，雞肉要煮到華氏 160 度才算煮熟。不過因為錫箔紙有保溫作用，所以雞肉還會繼續被加熱。

12. 撈出雞肉卷，拆掉錫箔紙，現在雞肉卷已經定型了，輕輕切成圓片，這樣可以呈現出漩渦狀的視覺效果。

13. 把荷蘭醬抹在盤子上，撒上老港灣調味料（這是為了配色）。把雞肉卷鋪在荷蘭醬上，撒上巴西利：用手指輕輕地把巴西利彈在盤子上，就像你輕柔地把水彈到調皮的小孩／寵物／伴侶身上那樣。

14. 用橄欖油烤龍蒿和紅色小馬鈴薯，用來搭配這道雞肉卷，還有顏色鮮亮的蔬菜，帶葉子的迷你胡蘿蔔就很不錯。

提示：務必在廚房完成擺盤作業。盛盤先是香味，接著是視覺，最後才是味道。沒錯，喬治，最後一塊是你的！

推理小說界的母子檔作家──卡洛琳（Caroline Todd）和查爾斯・陶德（Charles Todd），兩人聯手以**查爾斯・陶德**之名發表了將近二十六本推理小說，其中包括了伊恩・拉格里奇與貝絲・克勞馥系列及眾多短篇故事集。查爾斯畢業於美國烹飪學院（The Culinary Institute of America），曾經是一名專業廚師的他擁有一家宴會外燴公司，顧客群遍及許多聲名顯赫的政治人物、卸任的美國總統和社交名流們。

麗莎・翁格

暖心的甜薯烤全雞

安適的冬日週日午後，屋外下著白雪，屋內壁爐燃著紅火，可以待在廚房給自己倒杯梅洛紅酒等待著烤箱裡那道美食。這道烹煮容易的烤雞，暖心又暖胃，提醒了每日為生活奔波忙碌的我們，填飽肚子不是一定只能叫外送或外賣。烤雞其實不是只有週末才能做的大菜，平常日的晚餐不管是宴請客人還是和家人共享，烤全雞對我來說是最容易烹調也是最喜歡的，而且可以輕輕鬆鬆不慌不忙的準備。陽光普照的佛羅里達，下雪的冬日午後是很稀奇的。快把材料備齊，烤箱預熱，來做這道簡單美味的烤雞大餐！

材料：4人份

1 隻全雞（脖子和內臟都不要留，還有那黏答答討人厭的部位也不要，除非你知道怎麼處理它們）

2 湯匙橄欖油，視情況酌量增加

喜馬拉雅海鹽調味（其實任何粗鹽都可以，只是想讓人覺得我很講究）

調味用黑胡椒或白胡椒

新鮮的巴西利、鼠尾草、迷迭香和百里香各 ½ 茶匙（就跟那首〈Scarborough Fair〉的歌詞一樣，有的話再加一點奧勒岡也不錯）

紅或白洋蔥

5 瓣大蒜，壓碎

檸檬（看個人喜好，我通常不用的，雖然個人並不討厭它）

1 大袋甜薯，削皮後切塊

1 杯雞湯

1. 烤箱預熱到華氏 425 度，雞肉用清水洗乾淨，拍乾後把脖子凹處多餘的脂肪去掉。接著把整隻雞肉均勻的抹上油、鹽、胡椒粉和香料，可以的話雞皮下面也要抹（不用覺得丟臉）。雞內部塞入洋蔥、大蒜和檸檬（如果你有準備的話）

2. 把雞放到一個大的烤盤上，接著把地瓜塊均勻的排滿在全雞的周圍，地瓜塊淋上大量的橄欖油調味。你也可以倒點雞湯在地瓜上，在烤雞的過程中流出來的雞油和雞湯能讓地瓜保持濕潤油亮。

3. 讓雞肉在華氏 425 度烤 15 分鐘後，然後溫度調到華氏 375 度再烤 50 分鐘到一個小時或更久（看你家烤箱的火力而定）。當湯汁收乾時，雞肉差不多也烤好了，或者可以用烤肉溫度計來查看雞肉的熟度。如果雞肉還沒烤好但是地瓜看上去已經太焦黃的話，就找東西蓋上烤盤繼續烤。

4. 把烤盤移出烤箱，把地瓜塊挾出來放在大碗裡，然後讓雞肉放涼 20 分鐘後再切。

不騙你，做這道烤雞會讓你覺得自己像家事女皇瑪莎（Martha Stewart）那樣無所不能。因為是烤全雞，所以雞架子可以拿來熬高湯，沒吃完的雞肉可以隔天做好吃的沙拉。美味、經濟又簡單，就是這道三合一的萬能烤雞。讀到這裡，你一定等不及想要馬上出門去買材料來做這道烤雞，因為我也是這麼想的。餓死我了。

麗莎・翁格的作品獲得《紐約時報》和許多國際文學獎項的肯定。她的作品全球暢銷一千七百萬本，共翻譯成二十六種語言出版。

瑪西亞・穆勒

米克的神奇雞肉

莎朗・麥柯內（Sharon McCone）在我的連載作品裡，是一位舊金山的私家偵探，她不愛下廚，廚藝也不精，讓她刨起司的話，可能反而會刨到自己的手指頭，分不清楚麵粉和糖（很恐怖喔），應該倒到鍋子裡的醬汁常常撒得滿地都是。不過這位廚房災難製造者卻有一道上得了檯面的食譜，這是她的姪子麥克拜訪她時寫給她的。以下的段落摘錄自麥考內系列作品：

> 要是他有事先買菜做晚飯的話，就不用大半夜跑出來買漢堡填飽肚子了。一看到快省超市，他馬上就騎進去停車場。採買完畢後，騎上他那堆滿食材的哈雷機車，往在教堂街的姑姑家騎去。
>
> 姑姑不會煮飯就罷了，她的廚房也很可怕。但是他也理解，姑姑除了要顧自己的私家偵探社外，還要抽時間幫忙姑丈的保全公司，常常忙到連吃飯的時間也沒有。沒關係，今天就讓他煮一頓豐盛的大餐來孝敬姑姑。這道食譜是他到索諾馬拜訪客戶後，回程的路上想出來的。

材料：正常來說6人份，除非麥克來拜訪

2 湯匙橄欖油

8 片雞胸肉

2 罐小的醃漬朝鮮薊心

2 罐小的醃漬蘑菇

¼ 茶匙白胡椒粉

4 瓣大的大蒜，壓碎

1 罐黑橄欖，整顆或者剁碎

4 盎司現磨或刨絲的帕瑪森起司

1. 烤箱預熱到華氏 375 度。開中火加熱炒鍋，倒入橄欖油煎雞肉到兩面都呈現金黃色，然後把雞肉放到可以放烤箱的砂鍋裡。

2. 砂鍋裡倒入醃漬朝鮮薊心覆蓋雞肉，如果沒有，用雞湯也可以。

3. 接著在炒鍋裡放入罐頭蘑菇、白胡椒粉和大蒜調味，然後開小火慢煮 5～7 分鐘，然後再把料倒入砂鍋裡。

4. 把砂鍋放入烤箱烤 30 分鐘。時間到後再放入帕瑪森起司烤到表面呈現金黃焦脆就完成了。

瑪西亞・穆勒創作了許多小說和短篇故事。她的小說《暗夜之狼》（Wolf in the Shadow）得到了安東尼獎。除此之外她也獲得了美國私探小說作家協會的終身成就獎，和美國推理作家協會的大師獎。她現在和推理小說作家丈夫比爾・普羅茲尼（Bill Prozini）住在加州北部。

布萊德・梅爾澤

義大利烤雞

所有的美食都伴隨著美好的記憶。這道烤雞也不例外，高中時代我女朋友的母親常常做這道菜給我們吃。這是一道雞肉料理，而烹飪雞肉的方式似乎沒有什麼太大的變化。不過十八年前，對當時還是頭髮濃密的我來說，這是我吃過最美味的料理了。當我離家上大學的時候，行李也打包了烤雞食譜，不過我從沒做過就是了（拜託，哪個大學生有空做飯啊！）現在，當我想到這道烤雞，所有高中時的美好記憶自動浮現在腦中，它絕對是我最愛的料理之一。好好讀食譜，準備好食材，大口吃香味烤雞，享受美食相伴的愉快時光！

材料：4～5人份	
1 隻全雞，切好的 鹽 黑胡椒粉 大蒜鹽 1 杯義大利沙拉醬 1 罐 8 盎司裝蘑菇，切片或去梗切塊後瀝乾。 刨絲的帕瑪森起司	1. 烤箱預熱到華氏 375 度，淺烤盤上噴油。 2. 雞肉用鹽、黑胡椒粉和大蒜鹽調味。 3. 接著把義大利沙拉醬刷在雞皮上，然後把雞皮的那一面朝下放在噴過油的烤盤上，然後再把剩下的沙拉醬刷在雞肉上。 4. 雞肉送進烤箱烤 30 分鐘，取出烤盤把雞皮那面翻過來。 5. 雞肉周圍鋪滿蘑菇，然後起司撒在雞肉上，再把烤盤送回烤箱烤 30～40 分鐘，等到雞肉均勻的呈現出金黃色就烤好了。

布萊德・梅爾澤的作品《權利核心》（The Inner Circle）、《命運之書》（Book of Fate）和其他的暢銷驚悚小說曾榮登《紐約時報》暢銷書榜首。他的寫作天賦並不僅限於小說類，同時也有非小說、參考書、童書甚至漫畫作品。想更了解他的作品可以上他的個人網站 www.bradmelzer.com。

卡爾那・斯默・波德曼

萬國雞肉雜菜飯

這是一道家傳料理，當埃及總統訪問華盛頓時，我準備了這道雜菜飯（pilaf）來款待參訪團的代表們（參訪團裡的一個成員是我的朋友）。在餐敘中，我們談到了當前國際局勢所面臨的挑戰和政治人物之間的友誼，這兩點經常是我的作品裡的主題。或許下次當你在看新的懸疑或驚悚小說時，可以考慮請那些有「管道」的朋友們共享這道美食。

材料：8 人份

◎雞肉◎

2 湯匙牛油

1 個中型的洋蔥，切塊

8 大塊雞肉（雞腿和雞胸肉）

1 杯切碎的芹菜

1 杯巴西利（用剪刀剪碎）

1 杯不甜白葡萄酒

1 杯雞湯

¼ 杯高脂鮮奶油

◎雜菜飯◎

1 湯匙牛油

2 把手掌大小的天使細麵
（angel hair pasta）

1 杯米

3 杯雞湯，加熱

---

1. 雞肉的部分：拿一個大的平底長柄煎鍋融化牛油，然後加入洋蔥一直拌炒到金黃色，接著再放入雞肉一起炒到焦黃，然後放入芹菜、巴西利，倒入白葡萄酒和雞湯。蓋上鍋蓋小火慢煮一個鐘頭。

2. 等待雞肉的同時來準備燉飯：拿一個兩公升容量的醬汁鍋融化牛油，然後把天使細麵折碎放入鍋內拌炒，接著再倒入米一起炒。等到麵和米炒到金黃色後再倒入溫熱的雞湯。蓋上鍋蓋小火燉煮 30 分鐘或者不到。（要不時查看煮的狀況）

3. 雞肉煮好後，拿出來放在一個大淺盤裡，在鍋裡倒入鮮奶油開火加熱讓它收汁，然後把醬汁倒在雞肉上。吃的時候把雞肉放在燉飯上。

卡爾那・斯默・波德曼至今已經出版四本小說（作品都曾登上亞馬遜驚悚書類暢銷榜首）。在轉行當作家前，她在白宮工作了六年，最後一個職位是國家安全議會的議長。最新的作品《布拉佛城堡》（Castle Bravo）大受好評，獲得了數個獎項。除了紙本出版品，她的個人網站上還有電子書和有聲書可供閱讀。

L・J・賽勒斯

墨西哥雞肉捲餅

作為一個忙於創作推理小說的作家，過去的六年裡我出版了十二本作品，產量這麼高，我幾乎沒有時間做飯。但是只要家族聚會時，他們一定會要我做這道雞肉捲餅給他們吃，家人都開口點菜了，還能不煮嗎？我的兒子們總是為誰吃最後一塊捲餅搞得差點大打出手。這道好吃的捲餅很適合帶去出席者必須準備一道菜的百樂餐聚（potluck），和大家一起分享。

材料：大約 10 人份
2 杯低脂酸奶油
1 罐奶油雞湯
1 小罐切丁的綠辣椒
2 杯刨絲的濃味切達起司
調味用鹽和黑胡椒
3 大塊雞胸肉，煮熟後切丁
10 張左右的墨西哥烙餅（麵粉或是玉米粉做的都可以）

1. 烤箱預熱到華氏 375 度，準備一個淺烤盤或烤盤，然後表面上一層薄薄的油。

2. 除了雞肉和烙餅外，把其他材料和調味料都混合在一起。

3. 每一張薄餅配一份雞肉和 1 湯匙的調味料，捲好後並排放在烤盤上。

4. 烤盤上擺滿雞肉捲餅後，撒上起司和澆上剩餘的調味料後進烤箱烤大概 25 分鐘。

5. 趕快趁熱為自己拿一塊大的雞肉捲餅，因為很快就會被吃光光了。

L・J・賽勒斯的暢銷推理小說警探傑克森（Detective Jackson）系列、達拉斯探員（Agent Dallas）系列和一本驚悚單行本小說，曾兩度獲得讀者最愛讀物票選第一名。她同時也是一名獲獎無數的記者，現居住在奧勒岡州的猶金市（Eugene）。推敲謀殺案之餘，她還喜歡表演單人脫口秀、騎自行車和到處交朋友。對了，她還喜歡空中跳傘。

漢克・菲力普・雷恩

值得花時間的奶油火雞燉煮

對一個記者來說是沒有休假這件事的。珍妮・瑞蘭德（Jane Ryland）是我一本單行推理小說中的主角，就是一個終年無休的記者，對她來說坐下來和家人共享一頓佳節美食是從來不存在的。記者最會的就是無中生有，一個好記者一定也是一個說故事高手。所以要是能無中生有的說出美酒和當令的鮮美蘑菇那就太美好啦。

接下來就只需要美味的剩菜，就用吃剩的烤火雞。開始準備做這道菜前，先仔細的看食譜，因為這道菜成功與否，就在於能否掌握同時烹調不同的食材，所以鍋子和食材都要事先備齊備足。聽起來好像很複雜，其實做起來並不麻煩。不過第一次這道菜時，廚房的鍋子每個都用上了，看到這個情景我忍不住大笑了起來。現在我已經做得非常順手了，根本不需要再看食譜。

義大利麵和蘑菇和火雞肉的部分都可以看個人喜好做增減，不用太拘泥食譜上的分量。還有，做這道菜的好處是，整個廚房都充滿了食物的香味。吃不完再加熱後，滋味還是非常的美味誘人。我們期待這道菜的程度，就像期待感恩節的烤雞那樣的殷切。

材料：6～8 人份

1 磅蘑菇
4 ½ 湯匙牛油，分開使用
1 瓣或適量的大蒜，切碎
¼ ～ ½ 磅的義大利麵或通心粉
3 湯匙麵粉
2 杯雞湯
1 杯加熱的發泡鮮奶油（也可以用半全脂牛奶）
3 湯匙不甜白葡萄酒
鹽和黑胡椒調味
2 ～ 3 杯切絲的水煮火雞肉
刨絲的帕瑪森起司

1. 烤箱預熱到華氏 375 度，煮一大鍋熱水。

2. 熱鍋融化 1 ½ 湯匙的牛油拌炒蘑菇和大蒜，保持溫度，大鍋的水滾後放入義大利麵下去煮。

3. 再拿一個醬汁鍋融化剩下的 3 湯匙牛油後撒麵粉下去煮成麵糊，接著再加入雞湯一起煮 15 分鐘左右，到質地變稠即可。

4. 熄火，把牛油麵粉湯醬移開火爐。倒入已經加熱的鮮奶油、白葡萄酒、鹽和黑胡椒一起攪拌均勻。

5. 義大利麵煮好後，瀝乾水分倒入拌炒蘑菇的鍋子裡，再倒入 ½ 的白醬。

6. 拿一個碗放入火雞肉，再倒入剩下的 ½ 白醬。

7. 準備一個塗好油的烤盤，倒入白醬義大利麵，中間挖出一個洞倒入白醬火雞肉。最後撒上帕瑪森起司。

8. 把烤盤送入烤箱烤 20 分鐘到表面呈現焦黃色即可。

漢克・菲力普・雷恩在波士頓當地的 NBC 電台擔任調查記者，曾獲得艾美獎和其他殊榮。他寫了六本暢銷推理小說，贏得了三次阿嘉莎獎、安東尼獎、馬卡維提獎和瑪麗海金斯克拉克獎。他還是美國推理作家大學（MWA University）的創辦人，在 2013 年時擔任犯罪寫作姐妹會會長。她的最新作品是《真相大白》（Truth be told）。

卡洛琳‧哈特

簡單好吃的烤鮭魚

對我來說寫作最棒的地方在於你可以隨心所欲的創作你的角色。在追殺令（Death on Demand）系列的第一冊，女主角安妮‧勞倫斯（Annie Laurance）在南卡羅萊納州的海盜地區經營一家推理小說書店，在那裡她遇見了真命天子麥克斯。他是何方神聖？既然小說是我寫的，那我就把他設定為金髮、高大、多金、英俊還煮得一手好菜的完美男子。雖然兩人的成長背景天差地遠（她自小家境貧寒，相信要是不認真工作就什麼都沒有；他出身優渥家庭，生活對他來說就是輕鬆豐餘）。儘管兩人之間的物質條件相差這麼大，麥克斯還是贏得了美人心，在這個系列的第二十三本《藍天白雲下的謀殺案》（In Dead, White and Blue），安妮和麥克斯依舊是一對年輕相愛的戀人，快樂的生活在海島地區。麥克斯煮了這道她最喜歡的鮭魚料理，兩人邊吃邊思考，為什麼一個女人就這樣無端消失在松樹林裡，再也找不到。

材料：可自行調整，以下分量僅供參考	
5 ～ 6 盎司重的新鮮鮭魚肉片（每個人一片） 橄欖油 3 湯匙檸檬汁，每一份魚片的用量 ◎塔塔醬◎ 4 湯匙美乃滋（我個人喜歡 Hellmann's 牌） 1 ½ 湯匙甜味醃菜 一點點芥末醬 ¼ 杯切碎的洋蔥（可不用）	1. 烤箱預熱到華氏 350 度。準備一個烤盤或者平底鍋，上面鋪錫箔紙，錫箔紙上抹橄欖油。 2. 把鮭魚帶皮的那一面放在錫箔紙上，然後每一片均勻的澆上檸檬汁並且撒上黑胡椒。 3. 再拿一張錫箔紙蓋上魚肉（這樣可以可以保持魚肉的水分。） 4. 放入烤箱烤 15 分鐘。 5. 把所有塔塔醬的材料一起放入鍋中攪拌均勻，就是麥克斯自製塔塔醬。 **提示：**這道菜和雜菜飯一起吃也非常的美味。雜菜飯的作法是：用兩湯匙的牛油拌炒 1 個切碎的小洋蔥。一人份的飯量是 1 杯米兌 1 杯牛肉高湯，加入拌炒過的洋蔥一起再煮 20 分鐘，或者只要飯煮透就好了。

卡洛琳‧哈特是 2014 年美國推理作家協會大師獎的獲獎人，至今已經創作了五十三本推理小說。最新的作品有《懸崖邊緣》（Cliff's Edge），故事背景是西元一世紀的羅馬。《尋找鬼魂》（Ghost Wanted）是貝利‧魯斯（Baily Ruth）系列的第五本，《別回家》（Don't Go Home）是追殺令（Death on Demand）系列小說的第二十五本。

金姆・菲

焦燒魚煲

在我旅居越南那四年的時間裡，我愛上了當地的美食和文化。那段旅居經歷啟發我創作了《追尋流失的記憶》（The Map of Lost Memories），然後我又在那停留了三年為《聖餐禮》（Communion）這本書尋找創作素材。但其實我是拿研究作為藉口待在越南大吃特吃。

很少有我不喜歡的越南菜，大部分我都愛不釋口。最愛的一道菜是焦燒魚煲。在南越這道菜是家家戶戶的最愛，不過同樣的一道菜口感和調味也有細微的差別。

基本上食譜所用的材料都差不多，不同的地方在於食材的烹煮順序。經過不斷地嘗試和口味調整，我個人的版本追求的是平衡，這也是我認為越南菜與眾不同之處──食材之間的完美地相互襯托。藉由糖、鹽（這裡用的是魚露）、辣椒和薑這些調味料創造出焦燒魚煲令人難以忘懷的獨特風味。在陰冷的天氣裡，這道菜不僅暖胃還暖心，所以在我進行中的小說《填飽這個大胃王》（To Feed Such Hunger）也寫進了這道菜，書中的主角是一個喜愛做菜的人類學家，當發現最好的朋友的死因是因為一樁發生在 1960 年代的越南謀殺案時，她需要好好吃一頓來撫慰自己。

材料：2 人份

◎魚◎

1 磅肉質硬實的白肉魚，例如比目魚，切成 1 英寸大小肉塊（也可以用雞肉、豬肉或者蝦肉）

1½ 湯匙魚露（最好買越南生產的，好的魚露原料只有鯷魚和鹽。我個人推薦 Red Boat 牌的）

1½ 湯匙的花生油

◎醬汁◎

2 湯匙花生油

6 湯匙糖

4 湯匙切碎的紅蔥頭

2 瓣大蒜，壓碎

2 個 1 英寸大小的薑塊，去皮

1 杯溫的椰子汁（也就是椰子水，不是椰奶）

1. 魚的部分：把魚用魚露和花生油在室溫下醃半小時。

2. 等魚醃好的這段時間，來準備醬汁。拿一個較深的醬汁鍋熱花生油，加入糖拌炒到溶解。剛溶的糖質地看上去可能很稠或會有結晶，但沒關係，再繼續慢慢拌炒，確定火侯夠熱，最後糖會全部化開的。

3. 接著放入切碎的紅蔥頭、大蒜和薑塊。

4. 倒入椰子汁（一定要溫的，如果在熱糖漿裡倒入冷的液體，會讓糖漿產生結晶變硬。要是不小心倒了冷椰子汁，就再慢慢地把糖塊加熱攪到化吧）。

5. 放入辣椒及魚露攪拌，然後是黑胡椒粉。

6. 開大火把醬汁煮到滾，再轉小火熬煮。

7. 等魚醃好，醬汁也做好後，拿一杯熱水來溫砂鍋，這樣可以避免砂鍋在火爐加熱時底部裂開。如果是用新的砂鍋，這個步驟非常重要（如果沒有砂鍋，用兩公升的深底醬汁鍋也可以）。

8. 把溫鍋的水倒掉，放入醃好的魚，剩下的醃汁也倒入鍋裡。

9. 把砂鍋放在爐上以小火加熱，不要把魚煮到焦，只要稍微加熱即可。

2 根泰國紅辣椒
1 湯匙魚露
一小撮黑胡椒粉

10. 把醬汁倒入砂鍋裡，開小火慢煮 20 分鐘。

11. 拿掉辣椒和薑塊，砂鍋魚煲就完成了，搭配米飯一起吃非常的美味。

金姆・菲是《追尋流失的記憶》（The Map of Lost Memories）的作者，艾倫坡獎美國最佳新進創作的候選人。她的另一本越南美食之旅回憶錄《聖餐禮》（Communion）獲得了世界美食家圖書獎（Gourmand World Cookbook Award）的美國最佳亞洲食譜書獎。

凱倫・萊斯

香酥烤蝦

我住在北卡羅萊納州的夏洛特，在南卡羅納查爾斯頓外圍的堰州島（barrier island）上，有一間海邊度假屋。跟我筆下的角色貝瑞倫醫生一樣，我也是住家和度假屋之間兩地跑。不過即使住在山裡，我和家人還是經常吃很多海鮮，特別是蝦子。

我家附近一年到頭都有蝦子，而多才多藝的我總是能發現不同的烹調方式來煮牠。有時候我覺得自己就像《阿甘正傳》裡的布巴排長那樣有創意。碳烤、水煮、炙烤、用烤箱烤、大火熱炒、油炸、煎炒、拌炒，怎麼煮都行。串烤蝦、番茄燒蝦、蝦肉秋葵濃湯、鳳梨蝦球、檸檬蝦、椰奶蝦、胡椒蝦、蝦肉濃湯、燉蝦、涼拌蝦、馬鈴薯炒蝦、炸蝦漢堡、鮮蝦三明治，口味和作法千變萬化，總有一款你喜歡的。

小小的提示：雖然我愛吃，不過要我花時間切菜、切絲、切丁這種手工活，我可不愛。快速簡單才是我做菜的方式。

這道蝦料理數十年來都是我的最愛。唯一要花工夫處理的就是剝蝦殼，不過你要是連殼都懶得剝的話，那就帶殼煮也沒關係。

材料：4 人份	
2 磅新鮮大蝦（越大越好） 2 茶匙切碎的新鮮大蒜（喜歡的話可以多放一點） 壓碎的紅辣椒片（至少 ⅛ 茶匙） ½ 茶匙乾的碎奧勒岡（新鮮的也可以） 2 湯匙細麵包粉 ½ 杯特級初榨橄欖油 適量鹽和細黑胡椒粉	1. 把電烤爐開到最高溫。 2. 把蝦剝殼去泥腸，蝦尾看個人喜愛可以保留或者去掉（我會留著），清洗乾淨後，用紙巾拍乾。 3. 把剩下的材料和調味料混合後再放入蝦子均勻的裹上沾料。 4. 拿一個淺烤盤或餅乾烤盤，鋪上錫箔紙然後把蝦子平擺好。 5. 把蝦子放在電烤爐下方 3 ～ 4 英寸左右的高度烤 5 ～ 6 分鐘。炙烤的時候不用把蝦子翻面。 6. 把炙烤好的蝦連同汁水一起，配著熱騰騰的米飯享用。

凱倫・萊斯的第一本小說《似曾入死境》（Deja Dead）曾獲得國際好評。她的貝瑞倫法醫（Temperance Brennan）系列的其他十七本小說中，包括了《致命時尚》（Fatal Vogue）、《哀悼星期一》（Monday Mourning）、《邪惡之骨》（Devil Bones）、《蜘蛛骨跡》（Spider Bones）、《失蹤者的骨骸》（Bones of the Lost）和《遺骨鐵證》（Bones Never Lie）。萊斯也是電視影集《識骨循蹤》（Bones）的製作人，也和其他作家合寫給青年讀者的犯罪現場鑑定小說。

芭芭拉・羅斯

龍蝦青醬燉飯

在我的緬因海鮮（Maine Clambake）推理系列中，主角一家在緬因州短暫的旅遊季節裡，在當地一個私人小島經營一家有著美麗港口景觀的道地海鮮餐廳。一天平均要為約四百名的旅客烹煮一千二百磅的龍蝦，你大概在想，龍蝦再新鮮、好吃，每天這樣煮也會煮到煩吧。不過餐廳老闆兼經理茱莉亞・史諾登（Julia Snowden）和另一家冰淇淋店的經營家庭談過這個問題後，結論是：「做你喜歡的事，怎麼樣都不會煩的。」

材料：6～8 人份	
5 杯海鮮高湯	1. 拿一個醬汁鍋加熱海鮮高湯，不要煮到滾。
1 湯匙橄欖油	2. 再拿一個醬汁鍋，開中火加熱橄欖油，放入洋蔥拌炒 5 分鐘。
1 個洋蔥，切碎	3. 再把米放入一起均勻拌炒 2～3 分鐘。
2 杯義大利圓米（arborio rice）	4. 把白酒放入米裡，攪拌均勻到米粒吸收所有的酒汁。
1 杯不甜白葡萄酒	5. 一勺一勺的把海鮮高湯加到米飯裡，每加一勺就要攪拌到讓米粒均勻吸收湯汁並呈現乳化的狀態，重複這個步驟大概 15～20 分鐘。
1 磅煮好的龍蝦肉，切碎	
4 湯匙青醬，之外再多準備一點	6. 放入煮好的龍蝦肉、4 湯匙的青醬和牛油一起攪拌後再煮 2 分鐘，加入鹽和胡椒調味。
2 湯匙無鹽牛油	
調味用鹽和胡椒	7. 盛盤，每盤再加上一大勺青醬。喜歡的人可以再撒上帕瑪森起司。
帕瑪森起司	

芭芭拉・羅斯創作了緬因海鮮推理系列，最新一冊是《滾過頭》（Boiled Over）。第一本《沉默不語》（Clammed Up）曾獲阿嘉莎獎最佳小說提名，被《浪漫時潮書評》（RT Book Reviews）選為最佳業餘偵探小說，並進入緬因州文學獎最佳犯罪小說決選。

琳達·菲爾史坦

紅蔥頭干貝青醬天使細麵

在瑪莎葡萄園（Martha Vineyard）的住處伏案寫作一整天後，最棒的就是能吃上這道我母親傳下來的美食。如果你夠幸運在市場看到南塔克灣（Nantucket Bay）產的小扇貝（就像庫柏檢察官和我一樣），買下來就對了。如果沒有的話，那就把一般的大扇貝切成小塊也可以。

材料：4 人份

1 盒天使義大利麵
3 個紅蔥頭，切碎
一點橄欖油
1 磅扇貝
幾把切碎的巴西利
2 湯匙檸檬汁
適量帕瑪森起司

1. 依據包裝盒上的說明來煮義大利麵，煮麵的同時，拿一個炒鍋用橄欖油爆香紅蔥頭。

2. 紅蔥頭爆炒到金棕色後，加入扇貝快速的翻炒，炒到扇貝的顏色有透明變白即可（這個步驟要專心，扇貝很容易就煮過頭，口感就會變老）。

3. 扇貝煮好後，放入巴西利、檸檬汁和 3 湯匙的煮麵水。

4. 扇貝調好味時，義大利麵也差不多煮到彈牙的程度，拿一個濾鍋把麵濾乾。

5. 把義大利麵倒到一個大碗裡，接著加入扇貝和紅蔥頭，然後撒上少許的帕瑪森起司。

6. 準備好大蒜麵包、一瓶清爽的白酒，一起搭配享用這道美味。

琳達·菲爾史坦曾經擔任曼哈頓地檢署的性侵害犯罪檢察官，也寫過以亞歷斯·庫柏（Alex Cooper）檢察官為主角的暢銷法律驚悚系列。菲爾史坦是美國推理作家協會超過二十年的資深會員，最新作品《終點站》（Terninal City）曾榮登 2014 年《紐約時報》暢銷書榜。

卡蘿・布格

瓦倫卡風味煎鮪魚

幾年前我在烏茲塔克（Woodstock，沒錯，就是那個搖滾聖地）一間森林小木屋裡生活過一段時間，並在那裡寫了《沉默的吶喊》（Silent Scream）——李・坎貝爾（Lee Campbell）驚悚系列的第一本。在那之前，我從沒寫過連續殺人犯的小說，而那間小木屋用來鎖門的，只有簡單的鉤眼鎖，隨便哪個機靈點的五歲小孩就打得開。面對這麼簡陋的門鎖，我心裡不免覺得毛毛的（在那個地方，這種簡樸滄桑就是當地特色，基本生活配備一直非常簡陋）。那時候我也沒有汽車，只有一台老爺腳踏車，我曾經騎著它沿著新英格蘭州昆布蘭的鐵軌一路穿過馬里蘭州，最後到達華盛頓特區的喬治城，總共超過二百英里的路程。在某個七月的午後，我踩著腳踏車到當地蔬菜店，看看有沒有新鮮的魚可以買，蔬菜店老闆麥特也是我的朋友，他說剛好進了一些新鮮鮪魚，我就買了一些。當我在小屋準備料理鮪魚時，聽到了橡樹子飛瀑般落在屋頂上，我的花紋小貓享受著從蕾絲窗簾透入的陽光（順便一提，我住的小木屋名字是瓦倫卡，那一帶所有的小木屋都有著神祕迷人的名字。）

材料：2 人份

1 磅鮪魚排（或任何你喜歡的魚）
⅓ 杯麵粉
1 杯切丁的甜椒
1 杯切丁的洋蔥
2 湯匙芝麻油
1 茶匙新鮮的大蒜
1 茶匙新鮮的薑
1 杯芒果
紅辣椒片
黑胡椒
¼ 茶匙醬油
2 湯匙玉米糖漿
2 湯匙蜂蜜
2 湯匙奶油雪莉（cream sherry）
2 湯匙磨碎的風乾橘子皮
一點點芥末粉

1. 把魚片的兩邊均勻的裹上麵粉。

2. 準備一個大的鋼製長柄平底鍋放入甜椒、洋蔥和橄欖油一起嫩煎魚肉。

3. 接著加入其他材料用小火煮 10 分鐘左右，煮到魚肉變軟煮熟即可。

卡蘿・布格又名 C・E・勞倫斯（C. E. Lawrence），至今已出版九本小說，也創作過得獎的舞台劇劇本、音樂劇劇本、詩集和短篇小說。她的作品被選入美國推理作家協會作品集裡，李・坎貝爾驚悚系列的最新作是《無聲的跟蹤者》（Silent Stalker）。《磁樹林文學雜誌》（China Grove Literary Magazine）曾經為她做特輯專訪。想要更了解她可以上 www.celawrence.com 。

蘿拉・喬・羅蘭

香煎蟹肉餅

我是一個美籍中韓混血的亞裔小說作家，專門寫以日本為背景的推理小說，數學很差，很討厭洋蔥，在這個圈子裡絕對是少數。選日本為小說背景，是因為大學的時候看了太多武士電影，至於為什麼數學不好或討厭洋蔥，我也說不出個所以然。大概是因為我四歲就被送去上學，大腦都還沒發育完全就要和一堆數字打交道，反而自此之後對數學不靈光。洋蔥的話，可能是我小時候常常聞到奶奶切洋蔥做泡菜的味道，所以長大以後對它很感冒。這些怪癖讓我的成長之路走得很坎坷，微積分這門課我就學得很辛苦。我很喜歡吃蟹肉餅，但是外面餐廳賣的我卻完全吃不了，因為他們總是和了一堆洋蔥在裡面。沒辦法，只好自己動手做無洋蔥的蟹肉餅，改放新鮮的巴西利和蒔蘿。我做了很多次請朋友吃，他們都很喜歡我的版本，從來沒有人抱怨裡面少了洋蔥。

材料：12 個蟹肉餅的分量	
1 磅新鮮的蟹肉塊 2 湯匙切碎的新鮮巴西利 2 湯匙切碎的新鮮蒔蘿 1 湯匙美乃滋 1 瓣大蒜，壓碎 1 個大的蛋，輕輕打散 ½ 個檸檬汁 ⅛ 茶匙卡宴辣椒粉 ¼ 杯日式麵包粉 6 湯匙橄欖油，分開使用	1. 除了橄欖油以外，混合所有的材料。 2. 把 1 捏成大概 ½ 英寸×2 英寸厚的肉餅。 3. 拿一個大的長柄平底鍋，開中火加熱 3 湯匙的橄欖油，先放一半捏好的蟹肉餅下去煎，每面煎 2～3 分鐘。 4. 重複這個動作，煎一批新的肉餅就再加新的油。

蘿拉・喬・羅蘭創作了一系列以日本幕府時代的武士為背景的推理小說，書中的主角是武士偵探佐野一郎（Sano Ichiro）。她的作品在十四個國家發行，並且曾經獲得浪漫時潮獎最佳歷史推理小說。最新的作品是《彩虹扇》（Iris Fan），羅蘭現在住在紐約。

第五章

陪審團的女士先生們，你們已經看過所有的呈堂證供，因此你們也應該了解這個荒謬的指控，我的當事人竟然是因為吃太多配菜而被告。

S・J・羅贊

牧場工作狂熱愛的薰衣草烤甜菜根

過去的二十年裡，我總是和同一群人合租一間夏日度假屋，他們分別是音樂家、建築評論家、大學教授、建築師和作家——我。度假屋裡的每個人，怎麼說呢，都有點太專注在各自的工作上。很多年前某個早晨，一位訪客在一夜好眠後神清氣爽地下樓，他準備先吃早餐，然後躺在吊床或沙灘上悠閒地看書。接著他看到我們各自窩在自己的角落，專心盯著眼前的筆電。電話響起，這位訪客順手接起來就說：「工作狂牧場，你好。」好吧，我們真心的不是去度假放鬆的，不過我們有認真煮飯喔。這道菜就是我們努力的成果之一。

材料：4～6 人份	
6 杯甜菜根，1 英寸厚塊 2 杯胡蘿蔔，1 英寸厚塊 ¼～½ 杯橄欖油 ¼ 杯新鮮的食用薰衣草，切碎 調味用粗鹽	1. 烤箱預熱到華氏 400 度。 2. 把甜菜根塊、胡蘿蔔塊、橄欖油和薰衣草放在一個大碗裡混合均勻，讓全部的蔬菜都均勻的沾到油和薰衣草（油不夠的話就盡量加）。 3. 把蔬菜均勻平鋪在烤盤上，撒上海鹽後放入烤箱。 4. 每 10 分鐘打開烤箱查看一下蔬菜的狀態，順便翻動它們。當蔬菜烤到叉子能輕易的穿過去，表皮也變金黃，它們就烤好了。

S・J・羅贊創作了莉迪亞・碃／比爾・史密斯（Lydia Chin/Bill Smith）推理系列，並且和山姆・卡博（Sam Cabot）一起創造了神祕小說（Novels of Secrets）系列。她贏得了眾多犯罪小說獎的最高榮譽，其中有愛倫坡、安東尼和夏姆斯等大獎。最新作品是以山姆・卡博為主角的《狼皮》（Skin of the Wolf）。

自家花園就種得出美麗的毒藥

傳奇懸疑作家菲麗斯·桃樂斯·詹姆士（Phyllis Dorothy James）曾經說過，好幾百年來，下毒一直是一種非常普遍的謀殺手法，事實上從有人類的歷史就開始了，其中文藝復興時代的博吉亞家族（Borgia family）更是下毒高手（他們曾經毒死兩位教宗）。有些遇人不淑遭受丈夫百般虐待的婦女們，也常利用毒藥自盡尋求解脫。是藥劑師也是毒藥調配師的露奇·漢森·薩瑞（Luci Hansson Zahray）駁斥下毒是「女性專有罪行」這個錯誤的成見，她強調：「著名的下毒高手都是男性。」

　　毒藥是一個非常方便好用的謀殺武器。薩瑞指出：「毒藥殺人無聲無形，通常不會留下明顯的外傷，即是身體虛弱的人也可以輕易謀殺身體健壯的人，而且還不會留下證據。」對膽小的凶手來說還有一個好處，就是不必當場動手。薩瑞也是MWA的會員，因為通曉毒物學知識而被同輩奉為「毒女」（The Poison Lady）。她說：「毒藥可以輕易讓一場精心設計的謀殺，看起來像是意外或是自殺，或者讓人以為死因是因為不明的疾病或者自然死亡。」

　　那麼毒物檢測的作用在哪裡？難道它沒有辦法檢測出死者體內的毒藥？遺憾的是，現有的毒物檢測只能從死者體內一些有限的殘留物，像酒精、毒品、鎮靜劑、大麻、古柯鹼、止痛藥和阿斯匹林來推斷中毒的原因。警方得要先假設有某種毒物，這樣法醫才能進行檢測。

　　薩瑞相信下毒謀殺的案例遠比我們想像的還要普遍。「只要把所有因為遺體火化後才發現因為是毒殺而列為謀殺案的案子數目，就可以推測出合理的疑問：如果連這樣的案例我們都遺漏，那麼還有多少不明的謀殺案就這樣被深埋土裡？」她指出，有一些致命的毒藥其實在我們的花園裡就找得到，它們可以輕易被加在食物裡而不被發現。如果你正為了寫作而設計一樁謀殺，這可是個非常好的的主意。

　　根據薩瑞的研究，曼陀羅花（俗稱魔鬼的號角）的種子有毒，曬乾以後，外觀看起來類似紅色的辣椒片，可以撒在菜餚裡而不被察覺；蓖麻的種子（或者「豆子」）含有致命的毒蛋白物質（ricin，毒性對人體傷害作用僅次於肉毒桿菌毒素），外觀和食用的菜豆很相似，要是把它魚目混珠加在燉菜裡，也不會有人發現。蓖麻種子的外殼烹煮過後會變軟，只要吃到八顆的分量就會嚴重不適。

　　除了在菜裡下毒，你也可以舉辦一場致命的午茶宴會，只要在茶中放入毛地黃、鈴蘭和夾竹桃的花朵或葉子——這些植物都含有有毒的強心配糖體（cardiac glycosides）。

　　如果這樣還毒不死人，薩瑞說，那就同時混用好幾種有毒物質，因為會產生多重的中毒症狀，法醫一定會一頭霧水，找不出死因。

——凱特·懷特

荷莉・艾弗隆

超簡單馬鈴薯煎餅

自己動手做馬鈴薯煎餅是一件費工夫的事，但是其實作法非常簡單，味道又比外面餐廳做的或是超市買現成的好太多。當一整天辛苦的動腦寫作後，動手把馬鈴薯刨成絲然後做成煎餅，其實是最棒的腦部放空運動，做好的煎餅味道又是那麼的美味誘人，吃一口，什麼辛苦都一掃而空。

提醒大家，做這道煎餅要按部就班，切忌和主菜同時進行。先把煎餅的材料準備好，然後分批炸好，一炸好馬上趁熱吃（起油鍋後記得要先用紙巾吸乾油分）。如果你很想挑戰自己把煎餅和主菜一起上的話，那記得把煎餅的油吸乾後把它們鋪在餅乾烤架上（記得開熱風循環，這樣才能保持煎餅的香脆），然後放入烤箱保溫。

最後，要注意的是，一旦開始做煎餅，就把全部的馬鈴薯都用完。因為削皮後的馬鈴薯不趕快煮的話，容易發黑，變得不好看。

材料：4 人份

2 顆大的不削皮馬鈴薯（表面黃褐色的也可以）

1 顆蛋

¼ 杯麵粉

烹飪用油（蔬菜油或花生油，但是不要橄欖油）

1. 用最大孔的刨絲器刨馬鈴薯。手動刨絲器會比食物處理機刨得還薄，成品會比較脆。

2. 把刨好的馬鈴薯倒在乾淨的布上，盡量擰乾馬鈴薯的水分。用力再用力！

3. 將擰乾的馬鈴薯倒入碗中，加入蛋及麵粉後，好好混合。

4. 把 3 分成一湯匙分量的糊料。

5. 在平底鍋中熱油，直到馬鈴薯碰到油就滋滋作響的程度。

6. 用勺子將分好的糊料放入熱油中，一次不要放太多份。壓平糊料，煎至表面呈金黃色且變脆時，翻面繼續。

7. 將煎好的馬鈴薯煎餅放在紙巾上瀝乾，如果沒有馬上要吃，可以放入華氏 200 度烤箱內保溫。

8. 分批煎好馬鈴薯糊料。

9. 撒上鹽巴食用，也可以沾蘋果醬（applesauce）或酸奶油。

荷莉・艾弗隆是一名獲獎無數的書評家，也是一名擁有九本暢銷小說的作家，她的作品包括《千萬別說》（Never Tell a Lie）、《曾經有個老太太》（There Was an Old Woman），最新作品是《晚安，祝好眠》（Night Night, Sleep Tight）。

艾迪絲・麥絲威爾

鄉村大蔥塔

坎・法荷提（Cam Falherty）是從電腦怪咖轉行種植有機作物的農夫，她的農產品專門提供一群熱愛本地作物的怪咖團體。當坎結束秋收後，完全沒想到她平靜的農夫生活將會在毒物的威脅下被破壞。在《死在田地裡》（'Til Dirt Do Us Part）這本書裡，她的一位晚餐客人在吃了從農場現採現煮的菜肴後，隔天竟然被發現死在豬舍裡。

在坎的農莊裡，每個星期都有新鮮的大蔥和香料。在她不須除草或是外出辦案的空檔，她喜歡用新鮮的大蔥和香料加上鄰近農場的羊奶起司，做成美味撲鼻的大蔥塔。

材料：8～10 人份

3 湯匙橄欖油，分開使用

3 磅乾淨切細的大蔥，用蔥白和 1 英寸左右蔥綠部分（本地產為佳）

2 茶匙新鮮百里香葉

½ 杯雞高湯或蔬菜高湯

1 茶匙鹽

¾ 茶匙現磨黑胡椒

⅓ 杯法式酸奶油（crème fraiche）

3 盎司壓碎的軟質香草羊奶起司（當地牧場產為佳）

½ 磅蘑菇切粗塊（本地產為佳）

中筋麵粉適量

1 張起酥派皮（冷凍派皮要先解凍再用）

1. 在深煎鍋裡用中大火熱 2 湯匙的油。翻炒大蔥 4～5 分鐘，直到質地呈半透明狀。加入百里香、高湯、半茶匙鹽及半茶匙黑胡椒，轉小火，蓋上鍋蓋煨煮 15 分鐘，使大蔥變軟。掀開蓋子續煮至少 15 分鐘直到水分蒸發，這期間要不時攪動，並且注意勿讓大蔥變成棕色。

2. 將 1 倒入碗中，混入法式酸奶油及羊奶起司。

3. 用另一個鍋以中大火熱剩下的油，加入蘑菇、剩下的鹽及黑胡椒翻炒 3～4 分鐘，直到蘑菇變軟、出水。

4. 烤箱預熱到華氏 400 度，在大烤盤上鋪烘焙紙。

5. 料理檯面撒上麵粉，將派皮擀成 10×12 英寸大小，厚約 ⅛ 英寸。把派皮鋪在大烤盤上，倒入 2 的混料抹勻，派皮邊緣留 2.5 公分不抹，而是往內反折蓋住混料。

6. 烘烤約 15 分鐘直到派皮及大蔥呈金黃色，把 3 的蘑菇均勻撒在大蔥上，再烤 5 分鐘。

7. 讓塔靜置 5～10 分鐘，切成方形，趁熱食用。

艾迪絲・麥絲威爾的鄉村美食推理（Local Foods Mystery）系列當中，最新作品《死在田地裡》由 Kensington 出版。此外，她還用筆名泰絲・貝克（Tace Baker）寫了勞倫・盧梭（Lauren Rousseau）推理系列，以及凱瑞其鎮（Carriagetown）歷史推理系列和得獎的犯罪短篇小說。麥絲威爾是一位母親、旅行家及作家，住在麻州，每個禮拜都會更新部落格：www.wiciedcozyauthors.com。

戴瑞爾・伍德・葛貝爾

切達蒙特利傑克起司焗烤青花菜

由於我同時寫了食譜角推理（Cookbook Nook）和起司專賣店推理（Cheese Shop），常常會把這兩個系列的故事融入烹飪裡。食譜角系列的主角珍娜・哈特（Jenna Hart）原本是廣告公司行銷總監，後來回到家鄉加州水晶灣，幫姑姑經營一間賣食譜和咖啡的書店。珍娜熱愛閱讀，也是個老饕，但是絕對不是一個好廚師。起司專門店推理系列的主角是夏洛特・貝賽特（Charlotte Bessette），在俄亥俄州一個虛構古怪小鎮經營一家高檔起司專門店，夏洛特不但煮得一手好菜，也愛死了起司。這個食譜非常適合這兩位女主角，不但滋味美妙，用到的材料也不多，對珍娜來說，真是再好也不過了。

材料：8 人份

½ 杯或 1 條牛油

½ 杯玉米澱粉

2 茶匙鹽，分開使用

½ 茶匙現磨白胡椒或黑胡椒

1 茶匙伍斯特醬

¼ 杯不甜白葡萄酒

4 杯牛奶（脂肪含量約 2%）

4 盎司刨絲切達起司

4 盎司蒙特利傑克起司或哈瓦第起司（Harvarti Cheese）

2 顆青花菜

一小撮裝飾用匈牙利紅椒粉（非必要）

1. 在平底鍋中用中火融化牛油。拌入玉米澱粉、1 茶匙鹽及胡椒。

2. 分批倒入伍斯特醬、酒及牛奶攪拌。

3. 煮開後再多熬煮 2 分鐘，但要不停攪拌直到質地變濃稠。

4. 轉小火後加入起司。攪拌直到起司融化。

5. 接著來準備青花菜。把硬的一端切掉，每顆切成四等分。在大鍋中把 2.5 公分深的水煮沸，放入剩下的鹽及青菜後，蓋上蓋子再煮 4 分鐘。鍋子離火，把水倒掉，蓋上鍋蓋再燜 4 分鐘，之後用冷水沖洗青菜。

6. 把青花菜排在盤子上，淋上 4 的起司醬。可以撒些紅椒粉，趁還溫著時吃。

提示：根據這道食譜做出來的起司醬分量頗大，沒吃完就放冰箱，要吃時微波加熱即可。倒在烤馬鈴薯、蔬菜或義大利麵食上，再美味不過。

戴瑞爾・伍德・葛貝爾是暢銷推理系列食譜角的作者，同時也用筆名艾佛瑞・艾姆斯（Avery Aames）創作了一樣暢銷的起司專門店推理系列。她最新的作品是《記得攪動湯鍋》（Stirring the Pot）和《高達起司謀殺案》（As Gouda as Dead）。穿插一則趣聞：葛貝爾還是一名女演員，曾經出現在電視影集《女作家與謀殺案》（Murder, She wrote）和其他電視影集。對葛貝爾或者艾姆斯有興趣的話，可以到網站 www.darylwoodgerber.com 看看。

黛安娜・錢伯斯

塔迪克（傳統波斯香脆米飯）

我的第二本尼克・達利（Nick Daley）系列小說《諜影迷情》（The Company She Keeps），來了一位新探員艾芙琳，沃克（Evelyn Walker）。這位代號「E」的探員在中情局吃盡苦頭，決定離開中情局到巴黎展開新生活。在那裡，她和一個浪漫的伊朗人陷入熱戀，甚至為了他搬到九〇年代初政治情勢非常緊張的德黑蘭。在被捲入險惡的政治前，卡利姆（她的伊朗戀人）幼時的保姆教她怎麼煮塔迪克（tahdig），這是一道老少都愛的波斯佳肴。

材料：足夠 4 ～ 8 人份享用，每個人都會搶著吃上面焦脆的部分

2½ 杯印度香米（basmati rice）
2 茶匙鹽
1 絲番紅花
2 杯原味優格
4 湯匙無鹽牛油

1. 洗米。剔除雜質後，瀝乾。

2. 將米、1 茶匙鹽及 4 杯水（傳統作法是「拇指高的水」）放入平底鍋，待水沸騰後再燜煮 5 分鐘。煮好的飯應該粒粒分明，而非糊糊的。

3. 把米飯瀝乾，留下瀝出的煮飯水。取約半杯小茶杯的煮飯水，把番紅花浸在其中 5 分鐘泡開。

4. 將優格倒入碗中，加入番紅花水、米飯及剩下的鹽，攪拌至米飯均勻染上顏色。

5. 用深煎鍋來融化牛油，倒入米飯，把飯堆成小丘，並在上面戳七個凹槽。蓋上鍋蓋，用大火煮 10 分鐘，過程中要定期轉動煎鍋的方向，讓米飯均勻受熱。

6. 轉小火續煮 30 ～ 60 分鐘，水若煮乾就再一點一點加入煮飯水。

7. 把飯盛到盤上，趁熱享用金黃色的鍋巴及香味。

黛安娜・錢伯斯生來就注定要當一名作家和旅行家。她先是從事亞洲進口生意，後成為好萊塢劇作家。由於創作的角色大受歡迎，於是只好寫小說讓他們有更大的舞台發揮。她創作了許多陰謀、浪漫交錯的間諜小說，背景設在世界的偏遠角落，例如《渾身是刺》（Stinger）。它的有聲書可以在 www.audible.com 上購買到。個人網站：www.dianachambers.com。

比爾・費休

香辣燉豆

我的老家在密西西比州,這個地方的傳統美食主要就兩大類:一是什麼都炸,二是把蔬菜用豬油燉到像毛毛蟲泥。我不是在醜化家鄉美食,有些炸物真的讓我停不下嘴,還有又鹹又香的豬油燉菜,吃起來是那麼軟嫩順口,但是我也害怕這麼油膩的飲食會讓心臟負荷不了。你可以說我大驚小怪(嗯,下本書的第一句話就這麼寫。)

我曾在聖佛納多谷的一間小公寓住了好幾年了,當時我努力想成為情境喜劇劇作家。有天晚上,在當地一家叫 Re$iduals 的酒吧,我遇到了未來的老婆肯達爾(Kendall)。

約會了一陣子後,肯達爾邀請我搬到她在馬里布的大公寓。我願意為愛走天涯,有海景的豪華公寓那更是要走,於是二話不說爽快地搬家。

當時我的劇本寫作生涯已經到了瓶頸,作品很顯然不受電視產業所用,所以決定換跑道,寫了第一本小說《討厭鬼當家》(Pest Control)。那時我整天都在家寫作(收入也不穩定),而肯達爾的工作是有固定薪水的,於是我們協議,我負責她每天下班後都有晚飯,她幫我補部分的公寓租金。

肯達爾那段時間在進行五穀長壽飲食法,她吃的那些東西在我看來,就是一些像水煮石頭或樹枝之類的。所以每到晚飯時間,我就幫她準備吃起來像土的烤五穀和硬得像木頭的烘薯片,卻給自己煮像豬里脊派配奶油芥末醬這種正常的菜(我說過會為愛付出一切,即使是要煮像堆肥一樣的晚餐也行)。

不過,不用太久我就發現,肯達爾聞到我的大餐,猛流口水,終於她忍不住叫我給她一點醬汁澆在她的水煮松子上。

從此事情一發不可收拾。她接著吃了一口豬排,在完整說完「我以前吃素」這句話之前,她已經變成:「我的那份豬排呢?」我帶壞她了。

隨後我們兩人都同意素食和肉食各有好處,美味的肉食和健康的素食其實可以同時存在。所以我們每週有一個晚上是健康米飯晚餐,就是糙米和紅藜麥還有毛豆一起煮,然後旁邊配些豆腐。漸漸地,我變換出更有飽足感的配菜和糙米一起吃。我把它叫作香辣燉豆(這道和其他食譜一樣,都不受著作權法保護,所以盡量拿去用,沒有侵權的問題)。

材料:主菜約 2 人份,配菜 3～4 人份	1. 以中火在平底鍋中熱油。放入洋蔥稍微炒一下。
	2. 加入胡蘿蔔及芹菜(或任何類似口感的蔬菜)翻炒 5 分鐘。
1～2 湯匙橄欖油	3. 奇波雷辣椒切碎後,跟醬汁一起加入 3 的蔬菜中翻炒均勻。
½ 杯切碎的洋蔥、紅蔥頭或大蔥	4. 此時可加入番茄及黑豆一起翻炒幾分鐘,直到豆子熟透。倒入一半的高湯,稍微沸騰後再熬幾分鐘。
1 根胡蘿蔔,切丁	
1 根芹菜,切塊	

1 ～ 2 個阿多波醬漬奇波雷辣椒（看個人對辣的耐受度。我最喜歡 La Constena 牌）

1 個番茄，切碎（可不用）

1 罐 15 盎司裝黑豆，瀝乾水分。

½ 杯雞高湯，分開使用（也可用清水代替，但為何不常備高湯？到處都買得到呀！算了，當我沒說）

¼ ～ ½ 杯切碎香菜

5. 稍微將黑豆及蔬菜搗爛，變成有顆粒的蔬菜糊（比在墨西哥餐廳吃到的豆糊再粗些）。我個人是喜歡保留一些完整的豆子。如果覺得太濃稠，可以多加些高湯。

6. 表面撒上香菜末，放在糙米飯上吃或當作配菜食用皆可。

提醒：用隔夜的辣豆醬做三明治超美味。買些優質麵包，烤好後抹上辣豆醬，撒上香菜即可。

比爾・費休是一個獲獎無數的諷刺犯罪小說家。已故的偉大幽默作家兼政治評論員茉莉・埃文斯（Molly Ivins）稱費休是「一個非常搞笑的傢伙」。《紐約時報》說他「和艾默爾・李奧納多（Elmore Leonard）及卡爾・海森（Carl Hiassen）同列一級搞笑大師」。費休現在正進行下一本小說的創作。

最後的晚餐

當法醫或驗屍官在對謀殺案死者進行解剖時，除了要試著要找出死亡原因及方式，同時還有死亡時間。死亡時間對找出真兇是非常重要的關鍵。

D・P・萊爾（D. P. Lyle）是美國推理作家協會的會員，他的霍度尼（Howdunit）推理系列中，曾獲愛倫坡獎提名的《寫給作家們的法醫學》（Frensics: A Guide for Writers）裡曾提及，要判斷死亡時間，必須要檢視許多因素：屍體的溫度、僵硬程度、屍斑和胃部殘留物。

萊爾醫生說：「檢視屍體胃部殘留物對調查來說是非常重要的。屍體的溫度和僵硬程度會受外在因素影響，比如說死者所在的房間溫度，但是胃裡的食物通常會在二到四小時內被消化完畢，不受外部因素干擾。如果發現死者胃裡有大量未消化的食物，那麼死亡時間差不多是進食後一到兩個小時之間。如果胃裡沒有殘留物，那麼法醫就知道死亡時間差不多是用餐四個小時之後。」

自己也是推理小說作者的萊爾（作品包括《追捕逃犯》〔Run to Ground〕）假設，某個因公出差的商務人士在旅館房間裡被謀殺，如果他是在晚上八點到十點之間和同事吃晚飯，然後直接回房間，那麼如果屍體胃裡有大量的殘留物，可以推測死亡時間應該在晚上十點到午夜。萊爾說：「胃裡的殘留物可以佐證嫌疑犯的不在場證明，或是戳破他的謊言。」

凱西・皮更斯

酥炸金瓜

在南方，餐廳的菜單上通常會有一道「肉三」（meat and three），意思是你可以任選三道蔬菜來跟肉類主食搭配。主食選項有炸雞、燜豬排、炸魚或燒烤豬肉。蔬菜選項通常有玉米、捲心菜或青豆，用豬背油脂燉煮到軟爛（如果家族裡有心臟病史，最好還是敬而遠之）。

在寫小鎮律師愛芙瑞・安德魯斯（Avery Andrews）這個角色時，我想讓她有個填飽肚子的地方，因此虛構了瑪麗蓮餐廳，它就像許多南方溫馨的餐館一樣，有著舒適的高椅背包廂，可以坐下來享用美味的家常菜。早期我的小說封面還會出現美食，偶爾會有充滿怨氣的讀者寫電子郵件來大罵：「這算哪門子的推理小說嘛，連個食譜也不寫！」我當時認為書中不適合出現食譜，所以後來安排愛芙瑞去真實存在的餐廳，像是到查爾斯敦的傑斯汀（Jestine's）餐館吃可樂蛋糕，去哥倫比亞的昔日（Yesterday's）吃酥炸牛排。

南方菜中的重頭戲是炸秋葵或炸南瓜（裹上玉米粉或麵粉做的麵衣油炸）。一般南方人家裡的花園裡都會有種奶黃色的細頸南瓜。要是有人願意為你炸一盤香甜酥脆的黃南瓜，那你真是太有口福了。

提示：這道食譜的作法非常隨意，看人數多寡，可以自行增減南瓜的分量。調味也看個人喜好，麵糊調好後先試一下味道。有些人會先把南瓜沾上炸粉然後再沾牛奶，然後再沾一次炸粉再下鍋油炸。看你喜歡，怎麼炸都好吃！

材料：2～4 人份	
足夠炸南瓜的油 1～2 顆蛋 ½ 杯牛奶（或者白脫奶， 　buttermilk） 1～4 個中型的黃南瓜，切成 　¼ 英寸厚片 1 杯麵粉 1 杯玉米粉 適量的鹽和黑胡椒	1. 在一個大荷蘭鍋或平底鍋中倒入 5 公分深的油，將油加熱到華氏 350～400 度。 2. 取一個大盤子放在爐子旁邊，盤上疊放幾張紙巾。 3. 在碗中將蛋打散，加入牛奶，把黃南瓜浸在裡面。 4. 在碗中或大塑膠袋中混合麵粉、玉米粉、鹽及胡椒。 5. 取出 3 的黃南瓜，均勻沾上 4 的粉料。 6. 此時 1 的油應該要熱到吱吱響的程度，才可將 5 的黃南瓜放入煎約 3 分鐘，直到呈現烤土司的色澤。 7. 盛起煎好的黃南瓜，放到 2 的盤子上。將剩下的黃南瓜分批煎好，趁熱食用。

土生土長的道地南方人，**凱西・皮更斯**寫了南方酥炸美食（Southern Fried）推理系列（St. Martin's/Minotaur出版）和查爾斯敦散步（Charleston Mysteries Walking Tour）推理系列（History Press 出版）。皮更斯曾經是美國推理作家協會理事之一，也擔任過犯罪寫作姐妹會的會長，現在擔任夏洛特的法醫學計畫（Charlotte's Forensic Medicine Program）主席，同時也是創始理事成員之一。

露西 · 博德特

明蝦玉米粥

在寫奇威斯特（Key West）美食評論推理系列的第三本《王牌大廚》（Topped Chef）時，我在書裡設計了一場電視實境廚藝大賽，冠軍可以上全國聯播的烹飪節目去展現廚藝，主角海里 · 史諾（Hayley Snow）迫於情勢當了評審。三位參賽者被要求端出招牌海鮮料理，其中，南方家常料理高手藍迪 · 湯普森煮了這道明蝦玉米粥。

大部分南方廚師們都有自己的明蝦玉米粥食譜，其中的變化可大了。首先，玉米粥可以用清水、雞湯或牛奶（之後再放起司和牛油）；明蝦的部分可以是培根、南方火腿、洋蔥、青蔥、甜椒、大蒜、檸檬、巴西利和很多的牛油一起炒，這就是我的明蝦玉米粥，贏得《王牌大廚》比賽頭獎的藍迪，也是這麼煮的。

材料：4 人份

2 杯雞湯

1 杯玉米粗粉

1 杯切達起司

3 ～ 4 湯匙牛油，分開使用

6 片培根，切碎

1 把青蔥，切碎

½ 個青椒，切細

橄欖油

每人 5 ～ 7 隻明蝦，撥殼去泥腸（藍迪大廚用奇威斯特粉紅明蝦，我也是）

½ 個檸檬

¼ 杯切碎的巴西利

---

1. 雞湯加入 1 杯水一起煮沸，再慢慢加入玉米粗粉。

2. 轉小火熬煮半小時，為免玉米糊結塊或黏鍋，要時常攪動（要小心玉米粗粒爆開而燒焦）。

3. 拌入起司及 2 湯匙牛油，靜置一旁。

4. 將培根煎至酥脆後，起鍋靜置一旁，把鍋中的油倒掉只留些許。

5. 用同個煎鍋快炒青蔥及青椒幾分鐘，太乾的話可再加些橄欖油。蔬菜起鍋靜置一旁，接著用少許橄欖油或牛油快炒蝦子約 3 分鐘。

6. 擠上檸檬汁，加 1 湯匙牛油，蔬菜重新回鍋翻炒。

7. 把蝦子排放在 3 的玉米糊上，以巴西利及培根點綴。

提示：只要配上蔬菜沙拉、蒸菠菜或蒸蘆筍，它也可以當作一道主菜。你想的話，配脆餅乾也可。

臨床精神科醫生**露西 · 博德特**別名羅貝塔 · 伊司利（Roberta Isleib），至今已創作超過十二本推理小說，其中包括奇威斯特美食評論推理系列最新的《甘納許謀殺案》（Murder with Ganache）。她的小說曾獲得阿嘉莎、安東尼和馬卡維提文學獎提名。她是上一屆犯罪寫作姐妹會會長，想更了解她，請上她的個人網站 www.lucyburdette.com。

琪琪・潘迪恩

焦糖洋蔥扁豆

兩名分別來自新墨西哥州和印度最南端的文化人類學者相遇結合之後，生下了我，然後帶著我跟著他們滿世界的跑，吃遍各地不同的美食。我的旅行經歷啟發了我創作了一個推理小說系列，主角就是一名環遊世界的印美混血歷史學家，同時也開啟了我對烹飪的熱愛。我最新的作品《黑天神海盜》（Pirate Vishnu），故事場景就在印度，既然這樣，那就來和大家分享我最喜歡的一道印度菜。

　　這道菜其實是我母親從家傳食譜變化而來的，作法很簡單，不過我喜歡它的原因是某次意外的失誤，把它從好吃升級到天上人間的美味：有一次我煮這道菜的時候，因為同時忙別的事，結果不小心讓洋蔥焦糖化，我還是把它和其他的食材一起煮，沒想到結果竟然驚為天人地好吃！我的嘉亞・瓊斯尋寶（Jaya Jones Treasure Hunt）推理系列中的主角嘉亞，應該也會喜歡這道香甜又辛辣的焦糖洋蔥扁豆，不過我猜想她應該會再加一些辣印度醬菜一起吃。

材料：4 人份小菜或 2 人份素食主菜
1 杯黃扁豆（印度商店裡叫 　 toor dal）或用黃豌豆或紅 　 扁豆代替
1 茶匙薑黃粉
1 茶匙海鹽
½ 茶匙黑胡椒粉
¼ 茶匙卡宴辣椒粉（可以多放 　 點）
2 湯匙橄欖油
1 個大洋蔥
1 茶匙茴香籽

1. 扁豆沖洗乾淨。

2. 將扁豆、2 杯水、薑黃粉、鹽、黑胡椒及辣椒粉倒入兩公升容量的平底鍋中，煮到沸騰後轉小火，繼續熬煮 30～40 分鐘。

3. 趁扁豆在烹煮時，將洋蔥切片。

4. 在深煎鍋中以中火熱油，放入洋蔥及茴香籽慢慢翻炒，使洋蔥焦糖化，煮出洋蔥的自然甜味。

5. 把炒好的洋蔥倒入煮好的扁豆中。

6. 跟飯或南餅（naan）一起食用。若想增加辣度，可跟印度醃菜一起吃。

《今日美國》暢銷書作者**琪琪・潘迪恩**，創作了嘉亞・瓊斯尋寶推理系列的《神器》（Artifact）、《威濕奴海盜》（Pirate Vishnu），以及《意外的煉金術士》（The Accidental Alchemist）——主角是位素食大廚，書裡也附有食譜。她的第一本小說獲得梅利斯國內獎金（Malice Domestic Grant），並且被《懸疑雜誌》（Suspense Magazine）評為「2012 年最佳小說」。想了解更多她的作品，請到她的個人網站 www.gigipandian.com。

麗莎・史考托尼

四季萬用番茄醬汁

對我老媽來說，標準的番茄醬汁就是要熬煮三天三夜才算數，不好意思，我偏偏就是吐槽她這一點。基本上，我愛吃也愛煮，但是我可沒有那麼多美國時間去熬一鍋番茄醬汁，你肯定也沒有。所以大家照著我的方法，把這道改良過的番茄醬汁食譜學起來，我保證你以後就只會照著我的食譜煮。然後我還要告訴你，只要一個小小的變化，還可以變出適合冬天或者夏天的版本，就像一件可以兩面穿的夾克，不過這個更好，是可以吃進肚子裡的。

材料：4 人份	
3 湯匙橄欖油 4 個中等大小的番茄，切成厚片 鹽和胡椒調味 幾瓣大蒜（看個人喜愛） 適量佩克里諾羊乳起司（Pecorino romano cheese，我個人喜歡 Locatelli 牌） 1 小支新鮮的羅勒葉	1. 在深煎鍋中倒入橄欖油，加入番茄切片（喜歡的話可以加入幾瓣大蒜），以鹽及胡椒調味。 2. 蓋上鍋蓋，以中火煮 7～8 分鐘，直到番茄軟而不爛（這時大蒜也煮軟爛了）。 3. 加入煮好的義大利麵，磨些起司在上頭，加幾支新鮮羅勒。一次吃上兩坨麵吧。 到了夏天，忘掉暑熱，把番茄丟進食物處理機，加 3 湯匙橄欖油和幾瓣大蒜，攪打半分鐘呈泥狀，倒在煮好的義大利麵條上，除了要阻止自己吃掉超過兩坨麵之外，啥都不用做。 開動！

麗莎・史考托尼至今已經寫了十九本小說，其中包括《回家》（Come Home），她也曾經擔任過美國推理作家協會主席。

艾莉森・雷歐塔

世界無敵美味的雷歐塔紅醬

我的這道食譜可以讓你輕鬆又快速地做出全世界最棒的義大利紅醬。這是我們雷歐塔家族的萬用食譜，它可是幾百道美味義大利菜的基礎。這道紅醬可以用來當披薩的鋪底、千層麵的醬汁，或者帕瑪森炸雞排的淋醬。可以用它來燉煮雞肉、蝦子或肉球，來做成美味的肉醬。和夏南瓜、蘑菇或者朝鮮薊和橄欖油一起拌炒後，再和番茄一起燉煮，就是素食紅醬（這道素食紅醬好吃到連我挑嘴的孩子們都會吃上好幾份）。在我的《謹言慎行》（Discretion）和《惡魔現身》（Speak of the Devil）這兩本書中，有幾幕關鍵的場景是發生在書中虛構的塞吉奧餐廳裡，這家餐廳由聯邦探員莎曼莎・郎達索（Samantha Randazzo）的家族所經營。廚房的爐灶上永遠熬煮著這道紅醬，整個餐廳總是充滿了醬汁誘人的香氣。

　　這道醬汁要煮就煮很多，因為任何菜都會用得到。小心！一旦你開始自己做紅醬，就不可能走回頭路再去買罐裝的了。

材料：8 人份	
2 大罐剝皮番茄罐頭 1 大把新鮮的羅勒葉 2 瓣大蒜，切碎 2 湯匙橄欖油 2 湯匙糖 一小撮或適量奧勒岡 一小撮或適量乾紅辣片 適量鹽和胡椒	1. 番茄瀝乾，跟羅勒、大蒜一起丟進果汁機，打到呈液態但仍有塊粒的狀態。 2. 把 1 倒入大碗，加入橄欖油、糖、奧勒岡、紅辣椒乾、鹽及胡椒。（加糖別手軟，它可是重要的食材） 3. 以小火熬煮 10 分鐘。 4. 倒在麵上食用。

艾莉森・雷歐塔曾經擔任聯邦調查局性犯罪檢察官，她把這段工作經歷寫成了法律驚悚小說，還被暱稱為女版約翰・葛里遜（John Grisham）。《華盛頓獨立書評》（The Washington Independent Review of Books）評論她最新的小說《魔鬼現身》：「故事緊湊扣人心弦……充滿懸疑機智，思路縝密……既有警世意味又充滿戲劇性……非常非常好看的一本小說。」

比爾・波羅齊尼

美味的無名氏義大利大蒜麵包

我可不敢說這道食譜是我的原創。很多年前我的無名偵探（Nameless Detective）系列主角為了**贏得美麗女友**的芳心，精心烹煮了一頓美味的晚餐，結果這頓晚飯不但征服了她的胃，還讓她答應嫁給主角。這是主角他自己說的，信不信由你。

我必須老實說，許多在無名偵探系列出現的美食，真實性令人存疑，但是我敢打包票，這個大蒜麵包絕對是傑作，一道流傳至今的美味。不少喜歡大蒜麵包的朋友吃過我的版本後，沒有人不想再來第二塊的（不像餐廳那些軟趴趴的大蒜麵包，吃一塊就倒盡胃口）。有一個很會煮義大利菜的朋友，最高的紀錄是麵包一出爐他就停不住嘴地連吃好幾塊，所以只要他來我家吃晚飯，我就得要多做一點大蒜麵包才夠他吃。

這麼好吃的大蒜麵包配什麼好呢？它和任何義大利菜都很搭，特別是冷盤、千層麵、義大利麵餃、烤茄子、帕瑪森起司炸雞排、義大利麵、肉丸和任何青醬紅醬菜肴。怎麼樣都好吃！

材料：1 條麵包的分量	
1 條法國白麵包，最好是特酸麵團的。 ¾ 杯或 1 條半的牛油 4 ～ 8 瓣壓碎的大蒜，視個人喜歡調整 6 盎司刨絲的帕瑪森起司或佩克里諾羊乳起司 匈牙利紅椒粉	1. 烤箱預熱至華氏 350 度。將麵包縱剖成兩半。 2. 在平底鍋中以小火融化牛油及大蒜，把它均勻抹在麵包上。 3. 上面再鋪上一層起司絲，視個人口味撒上紅椒粉。 4. 進烤箱烘烤至起司融化且表面呈金黃色，麵包也變酥脆為止。切成 1 英寸的厚片，趁熱食用。

比爾・波羅齊尼至今已經出版超過八十本小說，超過半數是家喻戶曉的無名偵探系列，他也寫過四本非小說作品和三百六十五個短篇故事。他最新的創作是無名系列的《陌生人》（Strangers，2014 年 Tor/Forge 出版）。波羅齊尼和瑪西亞・穆勒一起創作了《綁架遺體事件》（The Body Snatchers Affair，2015 年 Tor/Forge 出版）。

梅格・加迪納爾

奧克拉荷馬風味比斯吉

這道司康食譜是我奶奶傳給我的。現在你們可以輕鬆的把司康放在餅乾盤上，送進乾淨明亮的不鏽鋼烤箱裡就好了，但是奶奶她是在牧場裡長大的，那裡大家都是把司康餅放在長柄煎鍋裡然後放進柴燒的火爐裡烤。當我在寫《尋找暗影》（The Shadow Tracer）這本小說時，小說開頭的場景就在奧克拉荷馬州，那時我烤了很多的司康餅，澆上蜂蜜來吃，能吃到熱騰騰剛出爐的司康餅讓我覺得自己也像在牧場上一樣（還有就是我愛吃司康餅到把肚子都吃撐也沒問題，不過最主要吃它能讓我感覺自己就像身處在奧克拉荷馬州一樣）。

材料：10 ～ 12 個比司吉	
2 杯麵粉 2 ½ 茶匙泡打粉 ½ 茶匙鹽 ⅓ 杯起酥油 ¾ 杯牛奶	1. 烤箱預熱至華氏 475 度。 2. 將麵粉、泡打粉及鹽過篩入碗中。 3. 用叉子將起酥油拌揉入 2 的乾料中，直到質地像玉米粗粉那般。 4. 加入牛奶，用叉子攪拌直到麵糰不會黏碗的程度。 5. 麵糰揉半分鐘後，擀開至 ¾ 英寸厚，用餅乾模或直徑 2 英寸的水杯口切割成型。 6. 入烤箱烘烤 12 ～ 15 分鐘。

梅格・加迪納爾至今寫了十二本暢銷小說，其中《瓷湖》（China Lake）曾得到 2009 年愛倫坡獎的最佳平裝本。最新的小說是《天生通靈》（Phantom Instinct）。

瑞斯・波文

瑞斯的私藏司康食譜

皇家大間諜為你揭開皇室下午茶的神祕面紗

不管是受邀到皇宮裡和女王共進午茶（我不是開玩笑的喔！），或是在祖父簡單的廚房裡喝杯茶，下午茶都是我最喜愛的一餐。一頓完美的下午茶應該要有黃瓜或者水芹三明治，切得薄薄的全麥吐司或者牛油乾果麵包，塗上凝脂奶油和果醬的司康餅、奶油海綿蛋糕、各式各樣的小蛋糕和餅乾（最好是自己親手烤的），最後當然還要有一壺熱茶！茶葉一定要散葉的，印度茶或是中國茶都可以，我個人最喜歡大吉嶺加牛奶一起喝。中國茶的味道比較淡雅，帶有花香或煙燻的味道，總是加檸檬一起喝最好。伯爵茶是紅茶，在製茶的過程中加入了佛手柑一起烘焙，所以帶有非常獨特的香氣。記得一定要用滾燙的水來泡茶，最少要泡三分鐘再倒，但是絕對不要把茶葉泡過頭。

材料：約 12 人份	
1 杯半的發麵粉（中筋麵粉混合泡打粉） 1 茶匙塔塔粉 ½ 茶匙泡打粉（或稱食用小蘇打粉） ½ 茶匙鹽 3 ～ 4 湯匙的牛油或者酥油 ⅔ 杯牛奶	1. 烤箱預熱至華氏 425 度。在烘焙紙上薄薄刷上牛油。 2. 將麵粉、塔塔粉、泡打粉及鹽過篩入碗中。把牛油一塊塊加入，先搓拌成片狀的麵糰，再加入牛奶攪拌成軟軟的麵糰。 3. 麵糰擀開成至少 ½ 英寸厚，切割成直徑約 2 ～ 2 ½ 英寸的圓。表面撒上少許麵粉。 4. 將 3 的麵糰彼此緊鄰排在烘焙紙上，入烤箱烘烤 12 ～ 15 分鐘。 5. 司康可以冷著吃，但熱騰騰吃美味無比。當然啦，跟草莓果醬、德文郡凝脂或康瓦爾郡凝脂（或用全脂的打發鮮奶油代替）一起吃最是無敵。 **提示**：可以加入各色葡萄乾或黑加侖做成水果司康，或加味道強烈的起司末做成鹹味司康。

瑞斯・波文創作的兩個歷史推理小說系列都登上了紐約暢銷書榜：茉莉・墨菲（Molly Murphy）推理小說，以 1900 年代的紐約市為故事背景，而皇家大間諜（Royal Spyness）推理系列的主角，則是以 1930 年代英國一個身無分文的沒落貴族為主角。瑞斯的小說至今已經贏得十四個重要獎項。她最新的作品是《紅心皇后》（Queen of Hearts）。

安潔拉・齊曼

烈酒漬櫻桃

很久很久以前，在一個遙遠的（長島）樹林裡，我和先生一起參加某個醫生朋友舉辦的品酒團。我們會輪流到團員家裡用餐，席間的餐點要能與葡萄酒完美地搭配，客人則須提出各自的意見。

　　一切都是註定的，終於輪到我上場。我決定以鴨肉招待客人。自作孽喔！你們猜想得沒錯，這是我第一次處理鴨子，但是不用怕，我已經跟肉販問清楚怎麼處理了。首先，把鴨子身上多餘的脂肪剔除乾淨。我照做了，沒想到鴨肉這麼肥，清不完的脂肪啊！你們一定不相信我剔掉了多少脂肪！

　　先等一下，醬汁的部分待會兒再說。

　　晚宴預定七點開始，我們準備了開胃點心招待客人，應該是有這個步驟吧，我記性實在不好，但遲遲未出現鴨肉這件事就很難令人忘懷啊！那隻鴨在烤箱裡不停地烤了又烤，中間我把它取出烤箱，倒掉一湖水那麼多的油後，再送回去繼續烤著。那時候已經接近晚上十點了，我當下應該準備別的主菜來代替的，雖然還沒有客人餓暈，但是每個人都飢腸轆轆。

　　最後我先生只好出面解圍（他已經不知道怎麼幫我了）：「她特別製作了搭配鴨肉的醬汁，味道非常的棒，你們一定會想先嘗嘗看！」

　　於是，品酒團的團長——醫生友人——果斷地決定要先上醬汁，大概他也等得無聊了吧。他先嘗了一口後，很快又舀了一勺送進嘴巴，然後不情願地把醬汁遞給下一位客人品嘗，輪了一圈後，嘗過醬汁的客人們都欲罷不能地想要吃更多，於是我只好又從廚房裡端出更多來。來自《出版者周刊》（Publisher Weekly）的客人甚至給這道醬汁一顆星的評價！至於那隻鴨子，它還是待在烤箱裡不想出來見客，於是我先生只好翻遍冰箱，拿出冰淇淋來搭配醬汁。你看，這道醬汁真是用途廣泛，可以搭配主菜，也可以配甜點。那個晚上因為沒有主菜可搭，因此就只好搭甜點了。

　　這道酒漬櫻桃醬汁最初是準備來搭配主菜的，沒想到卻陰錯陽差讓我們的甜點變為主角。它的滋味甜美，口感豐富，和任何菜都可以搭配，從豬肉到鹿肉的幾乎大部分肉類和魚肉，或者禽肉也可以。它也可以讓平淡的海綿蛋糕、法式薄餅、比利時鬆餅變成一道道精美誘人的甜點。如果你想替這道醬汁取一個讓人引人遐思的名字，可以叫它「隨便醬」，或者「煙花女子」。我們就叫它「醬汁」。請讓我向你們呈上：烈酒漬櫻桃。

材料：自行機動調整	
一堆漂亮的季末鮮紅櫻桃，去核	1. 櫻桃切半，去核。盡量不要破壞外觀，畢竟是為了派對準備的（盡量就好，硬要完美只會毀掉你的人生）。 2. 剔除過熟或有瑕疵的櫻桃。

一大瓶原味白蘭地（不要泡香
　　草或調味的）

糖適量（沒有固定醬汁分量，
　　所以糖的量也不一定。只是
　　要記得，要慢慢加，增加甜
　　度不難，太甜就難補救了）

水（你應該也想到了。不用
　　多，先備著，有需要再加）

富蘭葛利榛果香甜酒
　　（Frangelico）少許

3. 平底鍋中倒入約 ½ 英寸高的水，用中火加熱數分鐘後，倒入原味
   白蘭地繼續加熱。

4. 倒入糖，攪拌煮至融化。嘗嘗看是否需要再加糖或多加水（千萬別
   空腹這麼做）。無論如何，要確保糖粒都有融化。讓糖水稍微濃縮
   些，不到硬糖的程度，但也不要是一鍋「紅色的水」。

5. 當糖水的味道及質地到達滿意的程度，就可加入榛果酒。不要多
   加。我們不是要改變醬汁的味道，只是要「增添」風味。這就是重
   點！

6. 倒數第二步：慢慢加入新鮮櫻桃。如果有醬汁盅，可以用它盛裝。
   把它跟小牛肉或格子鬆餅或其他什麼主餐一起，趁熱盛給你的晚宴
   賓客。

7. 最後一步：卸下圍裙，一鞠躬。

安潔拉・齊曼聲稱，在她的作品裡，除了機智永生不朽，其他形式的生命都必須自行求生。她的作品分別
由 Otto Penzler、AHMM 和其他出版社出版。她的個人網站：www.angelazeman.com。

第六章

「但是你看，有問題的一定是那杯雪莉酒。」柏寧頓太太放下手邊的毛線，伸手拿起茶壺說道：「誰會想在完美的自製蛋糕裡下毒呢？」

喬瑟夫・芬德

朵琳的烤蘋果奶酥

每當有人說玩推特是浪費時間，我總是會反駁，多虧推特，我才能擁有這份烤蘋果奶酥的完美食譜——這道甜點簡單到就連我在埋頭趕稿時也能抽空製作，而且成品永遠美味至極，吃過的人都會跟我索取食譜。不過，到今天為止我還不曾提供給誰過。

這份食譜來自於羅珊娜・柯克（Rosanne Kirk，推特 ID：@RosieCosy），她是我透過推特「遇到」的英國朋友，而這是來自她母親朵琳・肯尼（Doreen Kenny）的家傳食譜（我略有調整）。忘了羅珊娜是因為什麼而把它寄給我，我想一定是因為我曾上傳科德角家中的蘋果樹照片（我們種了 Macoun、Honeycrisp 和 Gravenstein 等品種），也許她之後問過我打算怎麼處理那些蘋果。後來我終於在哈洛蓋特（Harrogate）舉辦的犯罪小說寫作節（Crime Writing Festival），與羅珊娜及她母親面對面相見了。

羅珊娜請我不要把這份食譜給別人，這些年來我也一直謹守承諾，儘管來我家用餐的訪客中，有一大堆人死纏爛打地要我提供。不過，羅珊娜終於正式授予我解除封印的權力了，所以我這就把它公諸於世啦。請注意，這個食譜中沒有用到燕麥，出現在烤蘋果奶酥裡的燕麥實在很惱人。英國人通常是以卡士達醬搭配烤蘋果奶酥食用，但是我覺得搭配香草冰淇淋更棒。

分量：4～6 人份	1. 烤箱預熱至華氏 350 度，並將烤盤置於烤箱中層。選用 9 英寸方形玻璃烤盤，並在其底部和側邊噴上防沾噴霧油（cooking spray），也可以直接塗抹牛油。假如烤盤是 8 英寸的焗烤盤或單人烤盤，跳過這個手續也無妨。）
½ 杯或 1 條無鹽牛油，切成小塊	2. 以塗抹和劃切的方式混合牛油和麵粉，直到混合出狀似麵包粉的奶酥。也可以利用糕點切刀（pastry cutter）或食物調理機來加快速度。接著混入紅糖，混合完畢先放進冰箱再著手下個步驟。
8 盎司或 2 杯自發麵粉（用剩下的中筋麵粉也行）	
½ 杯紅糖，若有德麥拉拉蔗糖（demerara sugar）最好	3. 調理盆中放入蘋果並加入砂糖，再將肉桂粉撒在蘋果上，然後滴入香草精，放進準備好的烤盤。取出 2 的奶酥，均勻地撒在蘋果上。
6 顆大蘋果，削皮、去核，切成 ½ 英寸厚片	
3 湯匙砂糖（或更少，視蘋果甜度而定）	4. 入烤箱烘烤 45 分鐘，或是直到蘋果汁從上層冒出，而且上層已呈現金黃色為止。
1 茶匙肉桂粉（可不用）	
1 茶匙香草精	

喬瑟夫・芬德是《紐約時報》評選的暢銷作家，共著有十一本懸疑小說，其中《偏執狂》（Paranoia）翻拍成哈里遜・福特（Harrison Ford）、蓋瑞・歐德曼（Gary Oldman）主演的《決勝機密》；《案藏玄機》（High Crimes）則翻拍成由摩根・費里曼（Morgan Freeman）和艾許莉・賈德（Ashley Judd）主演的同名電影。他的小說曾獲得史全德評審獎（Strand Magazine Critics Award）和國際驚悚作家協會獎（International Thriller Writers Award），最新作品為《懷疑》（Suspicion）。芬德和家人一同住在波士頓。

席拉・康諾利

蘋果燕麥酥

最初開始籌劃《果園》（Orchard）推理系列時，我將場景設定在新英格蘭鄉間的 1760 年代老舊殖民風農舍裡。最先有明確構想的是農舍本身——我以某位祖先所建造的農舍為藍圖。因為我曾多次潛入其頂樓和地下室，摸透了原有農舍上百英畝土地，所以徹底瞭解其裡裡外外。

然而，一棟老房子不足以構成整部舒逸推理系列，因此我開始思考還能增加什麼元素，而蘋果就是我找到的答案。每個殖民風住宅都有一座果園，用來栽種製作蘋果派或直接食用的蘋果，以及用於保存的蘋果乾、蘋果汁（沒錯，甚至也有蘋果酒）和醋。強尼・蘋果籽（Johnny Appleseed，一位非常遠的遠親）的故事和「一天一蘋果，醫生遠離你」等格言，都深入在我們的成長過程中。蘋果幾乎能引起每個人的共鳴，還有什麼題材比它更好呢？

早在開始寫作之前我就做過這道甜點了。這份食譜來自我大學同學的母親，她將其稱作「蘋果燕麥酥」。它做起來很簡單，而且十分美味，完全符合甜點該有的條件，一直以來都是我最愛的舒心食物。

分量：4 大份或 6 小份	
4 杯削皮、去核且切成片的蘋果，選用軟化後不會爛成泥的品種，澳洲青蘋效果不錯 ¾ 杯砂糖 1 湯匙麵粉 ½ 茶匙肉桂粉 ◎上層◎ ½ 杯燕麥片 ½ 杯紅糖 ½ 杯麵粉 少許鹽 ¼ 杯或半條牛油 ⅛ 茶匙蘇打粉 ½ 茶匙泡打粉	1. 烤箱預熱至華氏 375 度。 2. 於 2 公升的焗烤盤或類似烤盤內抹油（烤盤形狀不拘）。 3. 把蘋果與砂糖、麵粉、肉桂粉一起攪拌，然後放進抹好油的烤盤內。 4. 將作為上層的材料混合均勻，以形成粗顆粒（可以直接用手攪拌），然後撒在蘋果上。 5. 入烤箱烘烤 35～40 分鐘，直到上層呈現金黃色且起泡。 6. 適合在微溫或常溫下食用，視個人喜好，也可以搭配打發的鮮奶油或冰淇淋。

《紐約時報》暢銷作家**席拉・康諾利**曾獲提名角逐安東尼獎和阿嘉莎獎。她目前為 Berkley Prime Crime 出版社撰寫三部舒逸推理，而其講述超自然愛情故事的電子書《相對死亡》（Rlatively Dead），以及另一部電子書《與死亡重聚》（Reunion with Death）也在 2013 出版。最新作品是《亡靈退散》（Razing the Dead）。

蓋兒・林茲

飢餓間諜的巧克力炸香蕉

脫下風衣，步入廚房，然後關掉手機。你正準備要製作一道令人震顫的點心，不想讓任何電話打擾你，就算是來自中央情報局的緊急電話也一樣。

分量：6 人份

12 盎司優質黑巧克力
少許海鹽，產自廷布克圖
　（Timbuktu）等異國尤佳
2 磅偏硬的半熟香蕉
油炸用油
1 杯低筋麵粉
1 杯高脂鮮奶油
1 杯磨成粉末的麵包粉
糖粉

1. 以隔水加熱的方式融化巧克力，接著離火，拌入鹽，然後放涼備用。

2. 香蕉去皮，切成 3 英寸長一段。利用蘋果去芯器把香蕉段挖成中空，挖出的部分預留 2 塊，一個塞住香蕉柱一端，另一個備用，其餘切成小塊。

3. 立起香蕉柱，塞住的一端朝下。將 1 的巧克力倒入擠壓瓶擠入香蕉柱中，再用 2 預留的香蕉塊把朝上的開口封住，放入冰箱備用。

4. 油炸前 10 分鐘將香蕉從冰箱拿出，同時加熱油鍋到華氏 400 度。

5. 將低筋麵粉、鮮奶油和麵包粉分別置於深盤之中。依序將香蕉裹上麵粉，沾滿鮮奶油，再裹上麵包粉。

6. 香蕉下鍋油炸直至金黃色。最後撒上糖粉，即可享用。

《紐約時報》暢銷作家**蓋兒・林茲**曾獲得諸多獎項，她著有多本國際諜報小說，包含《刺客》（Assassins）和《間諜寶典》（The Book of Spies）等等。《出版者周刊》（Publishers Weekly）更是將其《化裝舞會》（Masquerade）評為史上十大最佳諜報驚悚小說之一。林茲是前情報工作人員協會（Association of Former Intelligence Officers）的成員，更多關於她的資訊請造訪網站 gaylelynds.com。

賈桂琳・溫絲皮爾

甜酒奶凍

我想，在實際品嘗到甜酒奶凍帶著檸檬清香又充滿雪莉酒的綿密滋味以前，我就已經愛上它了。很可能是因為它的名字「Syllabub」——唸起來彷彿聲音一波波地湧出舌尖（我會想養加泰霍拉豹犬〔Catahoula Hound〕應該也是同一個原因。我也很愛加拉巴德〔Jalalaba〕這個城市——拉拉拉得好棒）。甜酒奶凍是老式英格蘭布丁，可以說是一解我對「布丁」這個終於重回流行詞彙的鄉愁了。最近，許多時尚的倫敦餐廳開始不用「甜點」（dessert）一詞，而是改成較傳統的「布丁」（pudding）或「餐後點心」（afters）。

　　真正道地的甜酒奶凍需要時間與耐心來製作，還需要懂得如何加熱鮮奶油及打發內含蛋白的混合物，直到它變得紮實，但又不至於凝固（伊莉莎白時代需打發至凝固，不過打發後會再加一道過篩程序）。許多食譜指定使用葡萄酒，但我偏好奶油雪莉酒（Cream Sherry），或者是其他加烈酒（fortified wine）或像馬德拉（Madeira）這樣的雪莉酒。對於那些不曾親手製作極品甜酒奶凍的人，這裡是較簡單的食譜——不用蛋白，材料分量標示也很簡單明瞭。

　　這絕對不是什麼低膽固醇的健康食譜，但是，假如你想自我放縱一下，它一定不會教你失望。

　　最後，針對肉豆蔻我想提示一下所有的推理小說迷，此資訊來自某位醫生，我大學時在他的醫院擔任櫃台小姐。肉豆蔻被視為毒藥，在過量攝取而中毒的情況下，沒有真正有效的解毒劑，所以在使用該香料時，請務必小心。千萬別不小心掉到地上，讓狗狗誤食。請節制使用，除非你想毒殺某人。

　　食譜來了！

分量：6～8人份，視酒杯大小而定。

1 杯熱鮮奶油＊（最好是高脂鮮奶油或重乳脂鮮奶油）
½ 杯鮮奶油
1 湯匙過篩的細砂糖
約 1 杯或 8 盎司奶油雪莉酒
4 湯匙白蘭地
少許豆蔻粉
1 顆半檸檬的汁

1. 將所有材料一起攪拌，直到混合物呈現些許小「尖峰」的半打發狀態為止，然後倒入葡萄酒杯裡。

2. 冷藏至少 3 小時後再上桌。

提示：這麼做成品更賞心悅目。在擠出檸檬汁之前，先取些檸檬皮切成碎末，在甜酒奶凍上桌前撒一點在上面。我最喜歡的作法是在上方撒上杏仁片，增添酥脆的口感，特別是用少量牛油在深鍋裡炒過的杏仁片。若是巧克力愛好者，一定會深深沉醉在撒上黑巧克力碎片的甜酒奶凍裡。哦，太美味了！

＊ 關於「熱」鮮奶油。這裡的「熱」，是指加溫至恰巧低於沸點的溫度。你不會想讓它燒焦的，所以倘若這是你第一次這麼做，不妨使用雙層鍋或採隔水加熱法。加熱的水僅需約 1 英寸高，並確保碗可以穩穩地架在下層加熱的鍋子上。想要完美執行並不容易，但只要蒸氣有確實加熱鮮奶油就沒問題了。當然，直接把鮮奶油倒進平底

鍋用小火加熱很簡單，但過程中你必須不斷攪拌，時時注意不要燒焦。事實上，後面這個方法反而能賦予鮮奶油近似焦糖的風味。

賈桂琳·溫絲皮爾是《紐約時報》的暢銷作家，她的梅西·杜伯斯（Maisie Dobbs）系列使其聲名大噪，主人翁梅西原本是第一次世界大戰的護士，爾後成為具有心理學家身分的調查員。此外，溫絲皮爾在2014年發行的單本小說《謊言的照料與管理》（The Care and Management of Lies）也同樣受到歡迎。她來自英國，目前定居在美國加州。

愛倫坡對食物的浪漫情懷

艾德格·愛倫坡被視為推理小說的發明者，儘管他筆下的故事黑暗又驚悚，但是在面對美食時，他顯然難掩心中的喜悅，從以下摘自他於1844年寫給岳母的信件片段中就可以看得出來。愛倫坡博物館（Edgar Allan Poe Museum）位於美國維吉尼亞州的里奇蒙（Richmond），根據館長克里斯多夫·山姆特納（Christopher Semtner），當時愛倫坡從費城搬到紐約，正在尋找合作的出版商。

「愛倫坡對食物尤其滿意，因為他的飲食生活並不是太好。」山姆特納解釋道：「那時，只要他花盡積蓄，他的岳母就得用任何她能提供的食材燉菜給他吃。據說在經濟特別拮据的時候，她會帶著鍋子到親戚家，請求他們賜她一些剩菜剩飯。」

紐約，星期日上午，4月7日，剛用完早餐

親愛的瑪蒂，

我們剛吃完早餐，現在，我想坐下來寫信給妳，把一切都告訴妳……在昨天的晚餐時光，我們喝了茶，那是你這輩子能喝到最棒的茶，味醇而燙口，除此之外還有小麥／裸麥麵包拼盤、起司、茶點（精緻至極）；一大盤冷盤（共兩盤），裡頭盛裝高級火腿和兩塊切成厚片疊得像座山的小牛肉（veal），以及最後的三盤蛋糕，每樣東西的分量都極其豐足。在這裡完全不用擔心會挨餓，寄宿公寓的女主人彷彿擔心餵不飽我們似地拚命提供美食，我們馬上就把這裡當自己家了……今天早餐我們喝了味道絕佳的咖啡，溫熱而香濃，不像往常這麼稀淡，也沒有加太多奶精，另外還有小牛肉片佐極品火腿、蛋、優質麵包和奶油。在我面前從來沒有出現過如此豐盛又講究的早餐，我希望妳也能看看那些蛋和肉類佳肴。自從離開我們可愛的家後，這是我第一頓營養豐富的早餐。

——凱特·懷特

黛安・莫特・戴維森

聖誕水果蛋糕餅乾

我在至少 30 年前的一場聖誕餅乾交換派對上,拿到了這種餅乾的某個版本食譜,但是我覺得它有許多可能性,所以開始嘗試不同的作法。我的家人和朋友非常喜歡最後一個版本,喜歡到我每一年都得烤好幾打才行。這種餅乾的麵糰頗為耐放,而餅乾只要放在密封的馬口鐵罐裡,就能常保其美好風味。

分量:8 打

1 杯半或 3 條無鹽牛油,常溫
3 杯壓緊的黑糖
3 顆大尺寸的蛋,常溫
¾ 杯白脫牛奶(buttermilk)
5 ¼ 杯中筋麵粉
½ 茶匙蘇打粉
½ 茶匙猶太鹽(kosher salt)
3 杯糖漬櫻桃,切成四等分
(紅、綠色都要,以應景聖誕色彩)
3 杯切碎的椰棗(date)

1. 於電動攪拌機的大盆中以中速攪打牛油 2 ～ 4 分鐘,將直到質地呈非常綿密的乳霜狀。

2. 加入黑糖後繼續攪打,直至質地變得輕而蓬鬆。

3. 分次加入 3 顆蛋(確實攪打均勻後再加下一顆),然後拌入白脫牛奶。

4. 將乾的材料過篩。利用木湯匙把乾料拌進 3 的混合物,直到看不見麵粉為止。

5. 倒入切好的櫻桃和椰棗加以攪拌。

6. 以保鮮膜密封 1 的大盆,放入冰箱靜置 24 小時。

7. 開始製作餅乾時將 1 從冰箱拿出靜置約 10 分鐘,藉此讓麵糰稍微回軟。

8. 烤箱預熱至華氏 375 度。餅乾烤盤內塗上奶油,或是鋪上矽膠烘焙墊。

9. 選用 1.5 茶匙的冰淇淋勺來挖取麵糰。麵糰置於烤盤中,每塊相距約 2 英寸,烤約 12 ～ 16 分鐘。

10. 記得,烘烤時間過一半時將烤盤轉 180 度。餅乾要呈金黃色,完全不會糊軟,用手指輕碰時幾乎沒有壓痕。

11. 將餅乾放在烤架上冷卻。待其完全冷卻後,可以選擇置入密封袋(方便冷凍起來)或密封罐中。

《紐約時報》暢銷作家**黛安・莫特・戴維森**已經推出了十七本以歌蒂・修茲(Goldy Schulz)為主角的推理小說。歌蒂是個兼職偵探的外燴業者,這個系列始於 1990 年的《外燴偵探》(Catering to Nobody),接著是 92 年的《致命巧克力》(Dying for Chocolate),直到最新 2013 年的《墨西哥焗烤捲餅》(The Whole Enchilada)。戴維森曾得過安東尼獎以及《浪漫時潮》雜誌的最佳業餘偵探小說獎。

威廉・伯頓・麥考密克

拉脫維亞夏至節方糕

我第一次聽說這道美妙點心是住在里加（Riga）的時候，那是拉脫維亞的首都，同時也是該國最大的城市，我當時正為了小說題材在當地勘查。拉脫維亞自古以來都有於盛夏前往鄉間慶祝夏至的傳統，人們會齊聚野炊，跳越營火，並在午夜裸泳（目的在於淨化靈魂）。在這些慶祝活動之間的空檔，我迷上了這道妙不可言的方糕，它在我們的營地周遭十分常見。我花了數年才終於找到它的食譜，並將其調整成適合西方人的口味，但我希望你們能鼓起勇氣品嘗這道來自波羅的海的風味，好好享受它帶來的無比歡愉。

分量：50 塊

半杯融化牛油或人造奶油

1 包德式巧克力蛋糕預拌粉（也可用椰絲胡桃蛋糕預拌粉〔coconut pecan cake mix〕或金黃巧克力豆蛋糕預拌粉〔golden chocolate chip cake mis〕代替）

6 盎司半糖巧克力豆

6 盎司花生醬豆（peanut butter chip）

6 盎司奶油糖果豆（butterscotch chip）

6 盎司杏仁脆豆（almond brickle chip）

半杯碎堅果

14 盎司煉乳

1. 烤箱預熱至華氏 350 度。

2. 選用 9×13 英寸長方形深烤盤，並於內側抹油。

3. 在中型調理盆中，用叉子將牛油拌入蛋糕預拌粉。製成的麵糰會非常硬。

4. 以橡膠刮刀將麵糰均勻地倒入 2 的烤盤內。

5. 在麵糰上依序均勻鋪上巧克力豆、花生醬豆、奶油糖果豆、杏仁脆豆和堅果。

6. 將煉乳淋在上方。

7. 入烤箱烘烤 30 分鐘，或是直到變成金黃色並開始冒泡為止。

8. 置於烤架上放涼。

9. 待完全冷卻後，切成長約 4 公分的方塊。

威廉・伯頓・麥考密克為了撰寫第一本小說《列寧的後宮》（Lenin's Harem），在拉脫維亞和俄羅斯住了三年。那是一部歷史驚悚小說，內容是關於俄國革命的紅步槍兵團。他曾數度入圍德林加獎決選階段，小說刊載在許多主流推理小說雜誌上，並於 2013 年當選為豪森登堡協會（Hawthornden Castle Fellowship）會員。

蘿莉・金

哈德森太太的咖啡餅乾

這份食譜非常適合各種團體聚會：百樂餐聚、籌畫會議、教師餐會——喔，還有家人進門時，它的味道彷彿在向他們大聲說愛！我母親經常做它，不過我私下認為她的食譜其實來自哈德森太太（原本住在貝克街，後來搬到薩塞克斯道文思），因為所有福爾摩斯的管家都必須是舒心食物的烹飪高手……。

　　這道點心可以改用低咖啡因咖啡來製作，或是完全以其他液體取代，例如熱蘋果汁。你也可以用蔓越莓乾、切丁杏桃乾等等來代替葡萄乾，然而，咖啡、葡萄乾和肉桂的組合之所以經典是有其道理的。另外，儘管這份食譜能夠產出 36 塊 2 英寸的方型餅乾，並不代表它足以應付 36 個人，尤其是切成大塊當作熱蛋糕來搭配冰淇淋享用時。

分量：約 36 塊	
◎餅乾◎ 1 杯葡萄乾 ⅔ 杯熱咖啡 ½ 茶匙肉桂粉 ⅔ 杯放軟的起酥油或奶油 1 杯紅糖 2 顆蛋 ½ 杯麵粉 ½ 茶匙蘇打粉 ½ 茶匙泡打粉 ¼ 茶匙鹽 ◎糖霜◎ 1 杯過篩的糖粉 適量溫咖啡	1. 烤箱預熱至華氏 350 度，並於 10×15 英寸的淺烤盤內側抹油。 2. 於耐熱調理盆中混合葡萄乾、熱咖啡和肉桂粉。 3. 待 3 冷卻後，加入起酥油和紅糖打發至乳霜狀。然後加入蛋，攪打均勻。 4. 將所有乾料一起過篩。接著輪流把乾料和 2 的混合物分次拌進 3 裡。混合完畢後均勻鋪在烤盤內，烘烤 20 ～ 25 分鐘。 5. 從烤箱取出，趁餅乾還熱時，將糖粉與適量溫咖啡攪打均勻淋在餅乾上，最後再將餅乾切成方形。希望你能順利說服大家等餅乾冷了才能切來吃！

蘿莉・金是著有二十二部小說的暢銷作家，包括被推理小說獨立書商協會（Independent Mystery Booksellers Association）譽為「廿世紀最佳犯罪小說之一」的《養蜂人的學徒》（The Beekeeper's Apprentice）。她曾獲阿嘉莎獎和尼洛伍爾夫獎（Nero Wolfe Award）等眾多大獎肯定或入圍，並且在許多犯罪小說大會中擔任嘉賓。金育有兩個孩子，他們都順利熬過她的廚藝長大成人。

約翰・盧茲

濕潤牛油蛋糕
（源自美國聖路易）

事情是這樣的。1930 年代在聖路易（St. Louis）的某家麵包店裡，有位甫到職的烘焙師犯了一個錯誤。他原本欲伸手刮取用來製作香濃奶油蛋糕的香濃奶油（deep butter），卻不慎錯拿通常用來當烘焙黏著劑的黏稠奶油（gooey butter）。然而這位烘焙師非但沒有將錯誤配方的蛋糕丟棄（當時正值經濟大蕭條時期），反而放到架上銷售。沒想到它們大受歡迎，他只好烤更多來賣。惡名昭彰（因為它的高熱量）但美味至極（各個層面上皆是）的濕潤牛油蛋糕也因此誕生。

關於濕潤牛油蛋糕的由來還有其他說法，但我認為這個版本的可信度最高，同時也是我最喜歡的版本。

分量：12 塊	
1 盒內含布丁的黃蛋糕預拌粉 3 顆蛋，分開使用 ½ 杯或 1 條牛油，常溫 1 盒 1 磅裝的糖粉，分開使用 1 份 8 盎司裝的奶油起司	1. 烤箱預熱至華氏 350 度。混合蛋糕預拌粉、1 顆蛋和牛油，直到混合物變得乾碎。 2. 將 1 鋪在 9×13 英寸的烤盤底部，並且壓緊。 3. 混合 ¾ 盒的糖粉、奶油起司和剩下的蛋，攪打至乳霜狀後，倒在 2 上。 4. 入烤箱烘烤 30 分鐘，或是直到呈現金黃色。待稍微冷卻之後，將剩餘的糖粉壓進蛋糕裡。

約翰・盧茲是《紐約時報》和《今日美國》評選的暢銷作家，作品除了四十五部以上的小說，另有二百五十篇短篇故事和文章。他曾獲頒的獎項分別有愛倫坡獎、夏姆斯獎、短篇推理小說協會（Short Mystery Fiction Society）的德林加金獎，以及八一三勝利獎（Trophee 813 Award）。盧茲曾任美國推理作家協會和美國私探小說作家協會的會長。

琳達・史達西

神祕烘焙師之正宗紐約起司蛋糕

你曾經納悶紐約起司蛋糕的由來嗎？這個嘛……真相終於水落石出了。不論其他人怎麼跟你說，事實是，它在 1905 年誕生於一家名為萊納（Ratner's）的餐廳。那是家位於曼哈頓下東城區（Lower East Side）的猶太潔食餐廳（無肉、無禽），它不間歇地供應美食，直到 2004 年為止。沒錯，整整 99 年的美味！

萊納餐廳有位居家型男烘焙師，他總喜歡另類創新。某天他將手邊的上等乳製品（例如奶油起司、酸奶油等）倒進由消化餅乾、牛油及堅果製成的派皮裡。

當這位烘焙師過世時，他將此秘密食譜傳承給他家人──那位家人在三十年前將其傳到我手中。

好消息是，我不會等到快進棺材時才把它傳下去，儘管它真的好吃得「要命」！

分量：1 個 9 英寸蛋糕	

14 ～ 16 片消化餅乾
1 ～ 1 ½ 條的融化無鹽牛油
½ 杯碎核桃
4 顆蛋
3 包 8 盎司裝的奶油起司
1 杯砂糖
¼ 茶匙杏仁精
16 盎司酸奶油

1. 烤箱預熱至華氏 375 度。

2. 壓碎餅乾，並與融化的奶油及核桃混合（視濕潤程度決定牛油分量）。混合好後，緊壓於 9 英寸扣環蛋糕模的底部和內壁。

3. 攪打蛋、奶油起司、砂糖和杏仁精。待混合物沒有結塊後，加入酸奶油攪打均勻，接著倒入蛋糕模中。

4. 入烤箱烘烤約 45 分鐘以上（烤到蛋糕摸起來手感紮實即可）。關火後打開烤箱門，讓蛋糕在裡頭靜置至少 20 分鐘，再移到流理台上冷卻。

5. 享用前需冷藏至少 8 小時。

提示：可以依個人喜好，在蛋糕上裝飾單顆草莓或一些新鮮藍莓。另一種作法是將一包冷凍藍莓、糖和少量水以中火滾煮至果醬狀，待稍微冷卻後再均勻鋪平在蛋糕上。

琳達・史達西是《紐約每日新聞》（New York Daily News）的專欄作家，曾獲頒不少獎項。她的第一本小說《第六車站》（The Sixth Station）是 2014 年愛倫坡獎的入圍作品，有有聲版可供選購。史達西一直以來都在 NY1 TV 頻道的《今週真有趣！》（What a Week!）節目中，與馬克・西蒙（Mark Simone）搭檔主持。

詹姆斯・派特森

祖母的殺手級巧克力蛋糕

這是艾利克斯・克羅斯警探（Alex Cross）一直都想緝捕的「殺手」——祖母的殺手級蛋糕！這是源自 1940 年代的獨特家族食譜，此墮落的蛋糕似乎越放越美味——在製作完成的隔天，它的美味更勝前一天。在製作完成後，它總是靜靜地待在玻璃罩蛋糕架裡頭，以帶著致命吸引力的眼神凝望著你，此時你必須是名優秀警探，隨時保持警覺，因為每次我走進廚房，似乎都有一塊蛋糕離奇地消失。這位「殺手級蛋糕殺手」來無影去無蹤，絕不會被逮個正著！

分量：1 個 9×12 英寸的單層方型蛋糕，或是 1 個雙層 9 英寸圓蛋糕

◎蛋糕◎

⅔ 杯牛油

2 杯砂糖

2 顆蛋

2 杯麵粉

1 ⅓ 杯白脫牛奶

1 ⅓ 茶匙蘇打粉溶解於 ⅖ 杯熱水

3.5 盎司烘焙用純苦巧克力，加熱融化

1 茶匙香草精

◎奶油霜◎

½ 杯牛油

3 盎司烘焙用純苦巧克力

2 杯砂糖

⅔ 杯牛奶

1 茶匙香草精

1 茶匙杏仁精

1. 烤箱預熱至華氏 350 度。將牛油和糖一起打發至乳霜狀後，加入蛋。

2. 輪流分批加入麵粉和白脫牛奶，最先和最後加入的都是麵粉。倒入蘇打水，接著加入巧克力和香草精。

3. 將麵糊倒入方烤盤或 2 個圓扣環蛋糕模。烘烤 30 分鐘，或是直到牙籤插入中央不會沾黏麵糊為止。自烤箱取出，靜置等待冷卻。

4. 於深平底鍋內混合製作奶油霜的材料，煮至沸騰後續滾 2 分鐘再關火。靜待冷卻。必要時可以將鍋子放在冰塊中加速冷卻。

5. 蛋糕脫模並抹上奶油霜，即可準備享用。

詹姆斯・派特森的全球銷量高達三億本，其中包含艾利克斯・克羅斯警探、麥克・班奈特警探（Michael Bennett）、女子謀殺俱樂部（Women's Murder Club）、《極速飛行》（Maximum Ride）和《Middle School》等系列。他透過獎學金、閱讀獎金計畫（Book Bucks）、捐書，以及 readkiddoread.com 網站來推廣兒童閱讀習慣。派特森與妻子和兒子一同住在美國棕櫚灘（Palm Beach）。

瑪莉・珍・克拉克

好吃得犯規的榭斯塔礁萊姆派

儘管來自新澤西，不過我經常待在佛羅里達的沙拉索塔市（Sarasota），尤其是榭斯塔礁（Siesta Key）。在我的作品中，《無人知曉》（Nobody Knows）和《沙灘上的腳印》（Footprints in the Sand）的背景都設定在那裡，因為，對於懸疑和推理小說而言，當地實在擁有非常多美妙的題材，而且創作時，描寫關於自己喜愛的事物或地方，總是特別有趣。

我曾多次前往陽光海岸（Suncoast）進行勘查和旅遊，因而有幸親身體會榭斯塔礁萊姆派的美好。它很可能是我最喜歡的甜點了。我和友人不但去每家餐廳都會點它，還會確實對每一口的滑順感、綿密感、酸度、甜度，以及能否讓人不禁閉上雙眼微笑，甚至發出歡愉的嘟噥等，逐一給予評價。

我覺得，這道榭斯塔礁萊姆派的簡易食譜，完全達到上述項目的最高標準。我經常做給朋友吃，《沙灘上的腳印》裡的角色也有吃，他們愛極了，希望你們也是。如你所見，它的作法既不複雜也不走精緻美食風格，但是每個享用過的人都為之瘋狂，吃了還想再吃！

分量：8 人份	
	1. 用電動攪拌機將奶油起司攪打至乳霜狀。
1 盒 8 盎司裝的奶油起司（事先放軟）	2. 緩慢地倒入煉乳，持續攪打至滑順，接著拌入香草精，並加入萊姆汁確實混合均勻。
1 罐 14 盎司裝的煉乳	3. 將 2 倒入派皮中，覆蓋成品並冷藏至少 6 小時。
2 茶匙香草精	
½ 杯萊姆汁，請指名墨西哥萊姆（key lime）	
1 個 8 英寸消化餅派皮（可買現成的）	

《紐約時報》暢銷作家**瑪莉・珍・克拉克**共有十六部推理和懸疑小說作品。她的《關鍵新聞台》（KEY News）驚悚系列共有十二冊，靈感來自於她在 CBS 新聞台任職的那幾年，《古老黑魔術》（That Old Black Magic）則是派珀・唐諾文／婚禮蛋糕推理系列（Piper Donovan/Wedding Cake）的第四冊。克拉克的書共被翻譯成二十三國語言發行全球。

雪倫・菲佛

烤盤、食譜與派

我在七年前某次遺產拍賣會，購入一個九成新的舊式諾迪威（Nordic Ware）黃色凸底圓派盤。我之所以會出入遺產拍賣、車庫拍賣和跳蚤市場，全是為了珍・惠爾（Jane Wheel）推理系列所作的研究。沒錯！因為珍身兼舊貨商及私家偵探雙重身分。我熱愛此派盤，因為它的顏色，也因為它底部寫著製作派的食譜。我把它掛在我的黃色廚房裡當作裝飾品。

在某次臨時的晚餐聚會裡，因為還缺一道甜點，我決定試試那道食譜，或者，至少擬出一個類似的版本，好看看那個派盤及它背後的基本食譜到底值不值得留下。

我以新鮮檸檬皮屑取代檸檬精，並用手邊有的鮮奶油取代沒有的牛奶。我鮮少使用低筋麵粉，所以改用中筋麵粉。在烤好的當下我就知道它太平淡了，不足以作為聚餐甜點。它完全就只是塊香氣十足的巨大奶油酥餅，因此我在上面塗了一整罐檸檬凝乳（lemon curd），再排滿新鮮覆盆子，最後撒上一點點糖粉。

沒有檸檬凝乳嗎？你也可以用果醬加上新鮮水果和打發鮮奶油。假如你想製作鹹味點心，甚至可以選用羊乳酪和無花果。它就像是甜點界的黑色小禮服，需要視情況搭配裝飾。

注意，這個食譜做出來的成品類似牛油風味十足的蛋糕或奶油酥餅，可以用一般派盤或8至9英寸大的淺蛋糕模來烤製。

分量：6～8人份

¼ 杯或半條牛油

¾ 杯砂糖

3 顆蛋黃

1 ¼ 杯麵粉（講究一點可以用篩過的蛋糕粉）

2 茶匙蘇打粉

½ 茶匙鹽

1 顆檸檬的皮屑，或是半茶匙檸檬精（想要檸檬味更重，可以兩種都加）

½ 杯鮮奶油或牛奶，或是兩者各半

1 罐 10 盎司裝的檸檬凝乳

1～2 杯新鮮覆盆子、黑莓或藍莓

1. 烤箱預熱至華氏 350 度。於派盤或蛋糕模內抹油並撒上麵粉。

2. 攪打牛油、糖和蛋黃，直到質地變得蓬鬆。所有乾料一起過篩或攪拌後，分次加入前述的混合物中確實拌勻，接著倒入備妥的烤盤中。

3. 入烤箱烤約 25 分鐘，或是直到牙籤插入中央不會沾黏為止，等完全冷卻後再將蛋糕脫模。若你用的是派盤或諾迪威的凸底圓派盤，頂部就會有個凹口，這對下個步驟助益良多。不過，就算你的蛋糕頂部平坦，還是一樣可口，只不過外觀可能沒那麼美而已。

4. 把檸檬凝乳均勻地抹在頂部，並將覆盆子美美地擺飾其上，然後送進冰箱冷藏至少 1 個小時。

雪倫・菲佛著有八本兩三事（Stuff）推理系列小說，由Minotaur出版。此系列的主角珍・惠爾是個舊貨商、改造專家，同時也是位私家偵探，最新系列作是《幸運兩三事》（Lucky Stuff）。菲佛就和她筆下的主人翁一樣，喜愛收集舊時廚房用品、食譜、烹具和凡俗物品——當然，這完全是為了研究題材。

麗塔・拉金

檸檬罌粟籽海綿蛋糕

我在幾年前搬到加州後，家人也從紐約搬到佛羅里達州。我經常去拜訪他們，因而產生把他們在羅德岱堡市（Fort Lauderdale）的生活寫成喜劇小說的想法。在羅德岱堡，耍笨也是種生存之道。我以退休的母親、姑姑、阿姨和她們的朋友們為參考，讓她們在書裡化身高齡偵探。想像一下她們飛車追逐的畫面：兇手以時速 145 公里的速度飛奔的同時，葛蕾蒂卻以時速 55 公里龜速前進。此系列第一冊的標題為《衰老形同謀殺》（Getting Old Is Murder），最新的則是《致命的年華老去》（Getting Old Can Kill You）。

這份家庭食譜來自葛蕾蒂和她的歡樂夥伴——一群可愛老太太組成的私家偵探團，團隊理念是「切勿相信任何七十五歲以下的人」。她們大多在莫氏餐館用餐，總是在那裡享用早鳥晚餐（下午三點恰恰好，四點半已經吃不到蕎麥乾拌義大利麵，就算了）。然而，沒有人比得上團員依達做的檸檬罌粟籽海綿蛋糕。

這道食譜大約 15 分鐘就能完成，當然，所需時間會因為年紀和靈活度而略有增減，假如忘了預熱烤箱，就得再多等一陣子。

**分量：12 人份，
若客人胃口很好，
那就只能算 6 人份**

½ 杯罌粟籽

½ 杯滾過的牛奶（脫脂牛奶尤佳）

1 ½ 杯或 3 條牛油（當然是低卡的）

1 ½ 杯砂糖或蔗糖素，分批用

2 茶匙檸檬皮屑

2 茶匙柳橙皮屑

8 顆蛋（放養雞雞蛋），蛋白與蛋黃分開用

少許鹽

¾ 茶匙塔塔粉

1. 於 10 英寸的邦特蛋糕模*內抹油並撒上麵粉。烤箱預熱至華氏 350 度。

2. 將罌粟籽浸泡於牛奶內 5 分鐘。

3. 先混合牛油、1 ¼ 杯的糖、檸檬皮、柳橙皮及蛋黃，然後加入麵粉和鹽輕輕攪拌。接著，瀝乾罌粟籽備用，牛奶則倒掉。

4. 於另一個調理盆內將蛋白打發至乾性發泡後，拌入剩下的糖、塔塔粉和罌粟籽，然後倒進 3 的麵糊裡攪拌均勻，再倒入 1 的蛋糕模中。就是這麼簡單！

5. 入烤箱烘烤 50 ～ 60 分鐘。搭配花草茶或低咖啡因咖啡熱熱地吃。享受製作過程，看本好書，享用美味蛋糕。

*編注：Bundt Pan，一種中空的圓型蛋糕模。

麗塔・拉金在電視台擔任編劇和製作人長達二十五年之久，曾參與《季爾德醫生》（Dr. Kildare）、《冷暖人間》（Peyton Place）、《少年偵騎隊》（Mod Squad）、《朝代》（Dynasty）等戲劇。她筆下關於葛蕾蒂・高登（Gladdy Gold）及其高齡私家偵探團的故事，共構成七部喜劇推理小說。拉金於 2009 年因《老化真是災難》（Getting Old Is A Disaster）獲得左岸獎（Lefty Award）的左岸犯罪獎項，也曾入圍及獲頒美國編劇工會獎（Writers Guild of America Award）、愛倫坡獎，以及密西根大的霍普伍德獎（Hopwood Award）等。歡迎至 ritalakin.com 參訪她的網站。

洛伊絲・拉芙莉莎

愜意南方巧克力豆布丁蛋糕

我的舒逸推理系列背景設定在喬治亞州的沙凡那（Savannah），那是個歷史文化遺跡豐富的美麗城市，故事情節圍繞著一家「胖妞會館」（The Chubby Chicks Club，但是裡頭的人既非全是胖子，也非全是俏妞）。貝祖是這家會館的南方美人，為房客製作馬芬蛋糕，其中也包含以這個蛋糕為根基的版本。有個小警告：倘若你是貝祖的房客，你或許沒辦法活著離開。貝祖的馬芬蛋糕美味而無害，不過，小心其他房客，他們可能會找你麻煩。

分量：約 12 人份

約半條牛油（用於蛋糕模）

¼ 杯麵粉（用於蛋糕模）

1 盒濕潤黃蛋糕（yellow moist cake）預拌粉

1 包 4 ¼ 盎司裝香草布丁粉（instant vanilla pudding）

4 顆蛋（中或大顆）

1 包 11 ½ 盎司裝牛奶巧克力豆或半甜巧克力豆

½ 杯植物油

½ 杯牛奶（全脂或 2%脂肪牛奶）

1 杯半酸奶油

1. 烤箱預熱至華氏 350 度。於邦特蛋糕模內抹上薄薄一層牛油，然後倒入麵粉，搖晃蛋糕模，讓麵粉沾在牛油上。接著，邊拍打蛋糕模，邊倒出多餘的麵粉（或噴內含麵粉的烘焙噴霧油）。

2. 用叉子將剩下的材料在調理盆混合，直到所有乾料都濕濕。接著以刮刀輔助，將其倒進 1 的蛋糕模內，入烤箱烘烤 60 分鐘。

3. 靜置冷卻約 2 小時，再把蛋糕模倒扣在盤子上（因為一開始在烤模內抹油和沾麵粉，蛋糕應該很輕易地就滑出）。

提示：建議上桌前撒上糖粉，或者搭配香草冰淇淋。

洛伊絲・拉芙莉莎的《借酒澆愁》（Liquid Lies）曾進入 2013 年艾瑞克霍夫獎（Eric Hoffer Award）的決選。她新推出的舒逸推理小說系列中，第一冊《小餐包的誘惑》（Dying for Dinner Rolls）不僅名列亞馬遜 Kindle 閱讀器百大暢銷書籍，還獲得 2014 年喬治亞州年度最佳作家的提名。她的最新作品是本系列的第二集《致命馬芬蛋糕》（Murderous Muffins）。

溫蒂・柯希・史妲博

歡樂聖誕和蘭姆酒

我媽能做出最教人讚歎的蘭姆蛋糕——口感濕潤，外面包覆著甜蜜的糖霜和散發焦糖香氣的堅果。她在倒蘭姆酒的時候下手很重，所以每個人在吃了幾塊之後（你膽敢只吃一塊試試看），歡樂的情緒總會更加高漲。

這個食譜是幾年前她過世前給我的。從那時開始，我每年十二月都會製作它。我最初只做一個小蛋糕，聖誕假期若有客人來訪就會做給他們吃。不過由於它實在太受歡迎，所以後來我開始幫別人製作。某次我在聖誕節前一週送了一個給出版商，在它消失前成功搶下一塊的人紛紛極力宣揚它的美味，結果我只好再多做三個（還附上食譜），好讓每個人都能嘗到。從此，它就變成我們每年的傳統。

這些日子以來，我湊足了不少邦特蛋糕模，現在已經可以一次做八個蘭姆蛋糕了。凡是合作過的出版商及生意往來對象，都會收到我的蛋糕——我去拜訪卡蘿・費茲傑羅（Carol Fitzgerald）的書記者（Bookreporter）網站辦公室時，他們是這麼介紹我的：「這位是溫蒂。你們知道的，就是那位蘭姆蛋糕溫蒂。」既然我沒辦法為所有人做蛋糕，我決定提供食譜給你們。好好享用吧！

分量：1 個 12 英寸邦特蛋糕模

◎蛋糕◎

1 杯烤過的碎胡桃

1 盒 18 ½ 盎司裝黃蛋糕預拌粉

1 盒 1 ¾ 盎司裝香草布丁粉

4 顆蛋

½ 杯冰牛奶

½ 杯植物油

½ 杯百加得（Bacardi）深色蘭姆酒

◎糖漿◎

½ 杯或 1 條牛油

¼ 杯水

1 杯砂糖

½ 杯百加得淡色蘭姆酒或椰子蘭姆酒

---

1. 烤箱預熱至華氏 325 度。於蛋糕模內抹油並撒上麵粉，然後將碎胡桃均勻撒在烤模底部。

2. 將蛋糕的其餘材料混合在一起，以電動攪拌機高速攪打 2 分鐘。

3. 把麵糊倒入 1 的蛋糕模內烘烤 1 小時。烤完留在模中靜置冷卻。

4. 將蛋糕倒扣在盤子上，用叉子在蛋糕頂部扎洞。

5. 接著製作糖漿。用深平底鍋融化牛油，拌入水和糖煮滾 5 分鐘，加熱過程中請持續攪拌。關火後拌進蘭姆酒。

6. 將糖漿淋在蛋糕上。利用糕點刷或湯匙舀起多餘的汁液，重複淋在蛋糕上。

提示：我的祕訣是使用比食譜多一倍半的糖漿，藉此達到更加濕潤的口感。換言之，糖漿材料分量是 1 ½ 條牛油、¼ 杯又 2 湯匙的水、1 ½ 杯糖，以及 ¾ 杯淡色蘭姆酒。此外，我不是把它淋在蛋糕上，而是用大針筒注射到蛋糕裡面。

溫蒂・柯希・史妲博曾兩度進入瑪莉海金斯克拉克獎（Mary Higgins Clark Award）的決選，她發表了將近八十部小說，包含數本名列《紐約時報》暢銷榜的作品。她的《好姊妹》（The Good Sister）是《懸疑雜誌》推選的「2013 年度最佳小說」之一。

第七章

我們知道那個嫌犯有犯案動機，也知道他持有氰化物。但是，他是怎麼只在一杯潘趣酒中下毒的？

艾莉森・蓋琳

如墮煙霧的瑪格麗特

我開始寫第一本書《視而別見》（Hide Your Eyes）時，住在墨西哥的一個山上小鎮。即使幾年後已經搬回美國，那個小鎮的樣貌仍在我腦海裡徘徊不去——鵝卵石小徑，還有那令人眼睛一亮的殖民風建築，那些建築總有著彩色的大門和滴水嘴獸狀的天溝，在白天是這麼地繽紛歡樂，到了晚上卻彷彿籠罩在幽暗和神祕之中。那個地方實在具備太多懸疑小說的元素，促使我將第四本書《殘酷》（Heartless）的場景，設定在虛構的墨西哥村莊聖埃斯特邦裡。

直到今天，我的作品中仍舊經常出現與墨西哥有關的內容，因此當我終於憑著第五本書《過往》（And She Was）登上《今日美國》暢銷排行榜時，好友潔米和道格・巴特爾夫婦（Jamie & Doug Barthel）為我舉辦了一場慶功宴，非常適切地選擇墨西哥作為派對主題，而派對上供應的瑪格麗特在清涼中帶著一絲餘煙繚繞的溫度，從此成了我的慶祝飲料首選。

分量：4 杯	1. 依個人喜好，在酒杯杯口沾上鹽後，將杯子放進冷藏室或冷凍庫冰鎮。
瑪格麗特專用鹽或粗鹽（可不用） 1 條哈拉貝諾辣椒，切片 12 盎司龍舌蘭（我最愛 Hornitos 或 Herradura 牌），分批使用 4 杯細粒碎冰 4 盎司君度橙酒（cointreau） 8 盎司新鮮萊姆汁	2. 將哈拉貝諾辣椒裝入可微波的容器，淋上 3 盎司的龍舌蘭，微波 10 秒鐘。 3. 在哈拉貝諾辣椒上點火，讓它們短暫燃燒。 4. 將冰塊倒入果汁機，先加入所有液體材料，再加進哈拉貝諾辣椒，以高速混合均勻。 5. 倒入冰鎮過後的酒杯。好好享受吧！

艾莉森・蓋琳是《今日美國》排行榜與國際暢銷作家，她的首部作品《視而別見》獲得愛倫坡獎提名，《過往》更是贏得夏姆斯獎，並且入圍懸疑小說獎、安東尼獎和浪漫時潮獎等多項大獎。她的第八本小說《別離開我》（Stay with Me）同時也是布蕾娜・斯佩克特（Brenna Spector）系列的第三冊。

尼洛・伍爾夫
美食談

在雷克斯・史陶特（Rex Stout）共七十三冊的推理小說中，矮胖又易怒的主角尼洛・伍爾夫（Nero Wolfe）都會和偵探夥伴阿奇・古德溫（Archie Goodwin）一起，品嘗管家弗里茨令人唇齒留香的美味佳肴。對於食物，曼哈頓的上流社會絕不吝於砸重本。早餐的蛋品裡摻著魚子醬，而每到冬季，新鮮無花果就會從智利漂洋過海而來。

　　以下是這位偉大美食家和睿智偵探給予的烹飪建議：

　　「去皮水煮的甜玉米既入得了口又營養，至於在高溫烤箱內連皮一起烘烤 40 分鐘，只在用餐當下剝開外皮，除了奶油和鹽沒有其他佐料，那叫神仙美饌。至今為止，不論廚師的手藝和想像力再怎麼高超，都未能打造出勝過它的美味。」

　　「辣豆湯（chili）是很棒的粗食之一，是少數成為世界美食的美國佳肴之一。它可以搭配玉米麵包、甜洋蔥或酸奶油，擁有被東方賢哲視為必要的五大元素：酸、甜、苦、辣、鹹。」

　　「你知道土耳其烤肉串（shish kebab）嗎？我曾在土耳其當地吃過。在烤之前，先用紅酒和百里香、肉荳蔻、胡椒粒、大蒜等香料醃製數小時。」

　　「不要在廚房裡調製沙拉醬汁，要在用餐時於桌邊製作，並且立刻食用。」

──凱特・懷特

賈斯汀・史考特

威爾船長高緯度伏特加琴蕾

多數水手都愛動腦筋改造事物，尤其是設法讓生活更加愜意。這杯絕讚的加冰伏特加琴蕾，就是經過兩次改造之下的產物。諷刺的是，那兩次進化都發生在陸地上，不過這杯酒必定會隨著船航向世界各地（假如你不是遠在地球的最北或最南端，就必須搭乘有製冰設備的船才能在旅途中享用，否則就得前往最近的小艇碼頭登岸尋覓）。

凡是加冰塊的飲料，口味會隨著冰塊融化而變得稀淡。步調繁忙的紐約市耶魯會館（Yale Club of New York City）調酒師針對這個問題開創了一種新技巧，減緩冰塊造成的稀釋影響。跟製作純飲*時一樣，他們先用填滿冰塊的搖酒器來混調，調好後卻是倒進裝滿新鮮冰塊的老式酒杯。

於此同時，遠在北北東數百里之外，坐落在寧靜的利奇菲爾德丘（Litchfield Hills）上，五月花飯店（Mayflower Inn）的調酒師相對悠閒，他們巧妙地調整傳統琴蕾的配方——減少玫瑰牌萊姆汁（Rose's Lime Juice）的用量，並且加入新鮮檸檬汁和新鮮萊姆汁。結合上述兩項改進所調配出來的雞尾酒爽口又清涼，「高緯度伏特加琴蕾」之名，實至名歸。

分量：2 杯	1. 將搖酒器裝 ⅔ 滿的冰塊，加入所有材料，搖 33 下（這個技巧源自波特蘭市下東城的濱海小鎮，提醒我們「慢工出細活」）。
6 盎司伏特加 2 茶匙玫瑰牌萊姆汁 半顆新鮮檸檬汁 半顆新鮮萊姆汁 1 塊薄萊姆角或薄檸檬皮（裝飾用）	2. 倒入添滿新鮮冰塊的老式酒杯，或著倒入冰鎮過的高腳杯，以純飲*的方式享用。
	3. 以萊姆角或威爾船長的最愛——薄檸檬皮裝飾。
	*編注：Straight Up，雞尾酒術語，表示純飲烈酒，不添加其他材料。

賈斯汀・史考特的《殺人船》（The Shipkiller）被收錄在國際驚悚作家協會發行的《百大必讀驚悚小說》（Thrillers: 100 Must-Reads）。史考特曾獲得兩次愛倫坡獎提名，作品包含班・阿伯特（Ben Abbott）系列，以及與克萊夫・卡斯勒（Clive Cussler）合著的艾薩克・貝爾（Isaac Bell）系列，以及以筆名保羅・加里森（Paul Garrison）撰寫的現代海上故事和羅勃・陸德倫「簡森」（Robert Ludlum "Jansan"）驚悚系列。他與卡斯勒合著的《暗殺者》（The Assassin）於 2015 年推出。

彼得・詹姆斯

彼得・詹姆斯的伏特加馬丁尼寫作特調版

這是我每天傍晚六點的小酌飲品，以作為晚間寫作的動力。只消輕酌一口，再加上音響宣洩出的動聽樂曲，就能讓我文思泉湧！

分量：1 位作家！

Grey Goose 伏特加（或是你偏好的品牌；這是我的最愛）

馬丁尼香艾酒（Martini Extra Dry）

1 條 3 英寸的檸檬皮薄片加 1 塊檸檬角，或是 4 顆原味去籽橄欖

1. 將方塊冰盛入搖酒器至半滿。

2. 於高品質的水晶馬丁尼杯（沒有其他容器可以取代）內注入伏特加至 ¾ 滿。

3. 利用馬丁尼的瓶蓋，於酒杯中加入 2 瓶蓋的香艾酒。

4. 將酒杯內容物倒進搖酒器，小心蓋妥頂蓋。

5. 現在你有兩個選擇：果皮或橄欖。

   果皮
   將檸檬皮投入酒杯。在檸檬角中央切個開口，夾著杯口抹一圈。

   橄欖
   用雞尾酒酒籤將橄欖插成一串，置於杯內。

6. 用力搖幾下搖酒器，打開頂蓋，將飲料倒入酒杯。

盡情享受吧！不過，別忘了這個警語：「各位女士、先生，飲用辛辣馬丁尼時請特別留意，最多喝兩杯，因為三杯醉倒，四杯亂性。」

彼得・詹姆斯共著有超過三十部驚悚小說，他的羅伊・格雷斯（Roy Grace）犯罪系列不僅連續七次榮獲《週日泰晤士報》（Sunday Times）暢銷書排行榜榜首，被翻譯成至少三十六種語言，全球總銷量突破一千四百萬冊，登上多國暢銷書榜。詹姆斯的最新作品是《願你將亡》（Want You Dead）。

蓋瑞・菲利普

彈簧刀雞尾酒

這杯雞尾酒是由調酒師賈姬・派特森・布蘭納（Jackie Patterson Brenner）所創作，用以慶祝一系列冷硬派小說的推出，該書系是由安德芮亞・吉本斯（Andrea Gibbons）和我一同為彈簧刀（Switchblade）出版社負責編輯，以我的再版小說《假動作高手》（The Jook）及薩茉・布蘭納（Summer Brenner，賈姬的婆婆）的《I-5》作為整個系列的開端。《假動作高手》的故事圍繞一位失意的美式足球員，而《I-5》則是關於非法賣淫人口販子。該系列已經完結，但是幸好這杯雞尾酒留了下來。

　　每當我在趕截稿日，或是有時候結束一天的工作後，都會一邊抽著深色雪茄，一邊喝上一兩杯的彈簧刀雞尾酒。

分量：1杯	
	1. 將所有材料與冰塊一起攪拌，直到適度稀釋，並確實冰鎮。
2 盎司馬丁米勒（Martin Miller's）牌琴酒	2. 以紅石榴糖漿裝飾。
¾ 盎司多林白（Dolin Blanc）牌香艾酒	
1 吧叉匙的勒薩多（Luxardo）牌瑪拉斯奇諾櫻桃利口酒（maraschino liqueur）	
2 注聖喬治烈酒牌（St. George Spirit）苦艾酒	
少量小手食品（Small Hands Foods）紅石榴糖漿（裝飾用）	

蓋瑞・菲利普筆下的故事充滿深不可測的陰謀和非法行動，題材多半來自於他的過往經驗，例如經營地下政治行動委員會，教導獄中青少年，或是運送狗籠等等。他的作品另有圖像小說《生命之水》（Big Water）以及內特・霍利斯（Nate Hollis）私家偵探短篇小說。他的網站是 gdphillips.com。

查克・格里夫斯

劇烈轉折

在我成為小說作家，甚至是成為律師之前，我曾在伐爾島（Fire Island）當過調酒師，致力於創作極致完美的夏日飲品。為了這本書，我將其中一款重新命名。這個酒譜非常適合陽光雞尾酒派對或烤肉派對，儘管傑克・麥克塔格特（律師兼偵探系列裡的角色）喜歡冰涼的百威啤酒勝過任何酒譜內含「裝飾」兩字的雞尾酒，他還是不得不承認，在炎炎夏日辦完案之後，這的確是杯無懈可擊的解渴飲料。

分量：1杯	1. 在高球杯（tumbler）中裝入冰塊。
	2. 將金巴利苦酒、葡萄柚汁和通寧水倒入搖酒器，充分搖盪混合均勻後，注入高球杯。
1 湯匙金巴利苦酒（Campari）	3. 以葡萄柚切片裝飾。
¼ 杯鮮榨紅葡萄柚汁	
6 湯匙通寧水	
1 枚紅葡萄柚切片（裝飾用）	

查克・格里夫斯在就讀法律學院之前，曾在紐約當調酒師，如今則是得獎作品傑克・麥克塔格特（Jack MacTaggart）法律推理系列的作者。《最後繼承者》（The Last Heir）是此系列的最新作品，講述發生在酒莊的故事。如欲瞭解詳情，請造訪 chuckgreaves.com。

蒂娜・惠特爾

查坦砲兵潘趣酒

我的系列小說主角黛・藍道夫或許在亞特蘭大經營以美國南北戰爭為主題的槍械店，但是她的心從未離開故鄉沙凡那。在那個滿布苔蘚並散發沼澤氣味的港口城市，在黛還是環河街導遊的時候，她樂於講述關於當地怨靈、不幸戀人和厭戰士兵的故事。

南北戰爭與在低地地區流傳的傳說息息相關，如同沙凡那惡名昭彰的貢酒——查坦砲兵潘趣酒（Chatham Artillery Punch）。這個潘趣酒源自 1785 年成立於查坦郡的查坦砲兵部隊。這個民兵部隊同時也是個社交組織，晚會及方舞派對在其社交行事曆中都佔有相當重要地位。然而，儘管一開始派對供應的潘趣酒不含酒精，一旦有人偷偷在酒盆中加入他們喜歡的烈酒，它可能立刻變得非常危險。

這道潘趣酒最出名的時期是 1864 年的 12 月，當時威廉・特庫姆塞・謝爾曼將軍（William Tecumseh Sherman）帶領軍隊挺進沙凡那。在那之前，將軍所到之處皆一片焦土，然而他卻沒有燒毀沙凡那。根據傳說記載，低地地區女孩的殷勤款待教他深深著迷，因此他特意讓沙凡那免於祝融之災。關於砲兵潘趣酒是否是南方擾亂敵方並藉此獲勝的妙計，以及將軍的決策是否是單純的軍事策略，真正的答案只有倖存的橡樹和鵝卵石知道，而它們卻絕口不提。

分量：20 杯

1 顆檸檬，切薄片
1 顆萊姆，切薄片
1 顆柳橙，切薄片
½ 杯壓緊的紅糖
⅔ 杯蘭姆酒
2 杯甜紅酒
2 杯紅茶
½ 杯柳橙汁
¼ 杯檸檬汁
½ 杯波本威士忌
⅓ 杯干邑白蘭地
⅓ 杯白蘭地
1 瓶香檳或氣泡酒

1. 將檸檬片、萊姆片和柳橙片放進大號夾鏈袋，再加入紅糖和蘭姆酒，放入冰箱醃製一個晚上（最多可放三天）。

2. 於潘趣酒缸內倒入紅酒、紅茶、柳橙汁、檸檬汁、波本威士忌、干邑白蘭地和白蘭地，加以攪拌至均勻，然後放入 1 的水果切片。

3. 上桌前再添入香檳，並依個人喜好加入細粒碎冰（冰塊越多，口味越淡）。請適度飲用，不少酒國英豪都曾敗倒在這款潘趣酒之下！

蒂娜・惠特爾的黛・藍道夫與崔・西維爾（Tai Randolph／Trey Seaver）系列，主角分別是堅韌無畏的槍械店老闆黛及保鑣崔，此系列在《科克斯》（Kirkus）、《出版者周刊》、《書單》（Booklist）和《圖書館期刊》（Library Journal）等各大書評媒體，皆獲得極高的評價。其最新作品是《死亡之下》（Deeper Than the Grave），更多詳情請見 http://tinawhittle.com。

迪安娜・瑞鮑恩

馬爾其水果祝酒

飲用祝酒（wassail）是源自撒克遜時代的古老傳統，這個詞來自問候語「wæs hæl」，大略的意思是「祝你安康」。對於以生產蘋果酒聞名的英格蘭南部各郡來說，飲用祝酒類似於一種交感巫術，用以保護蘋果樹的安然生長，並促使果樹結出飽滿的果實。祝酒和其他潘趣酒在英國攝政時期非常受歡迎，但是到了十九世紀後期，它們大多被葡萄酒和其他烈酒所取代。然而，比起追隨流行，我創作的馬爾其家族更在乎自身的享受。他們採用傳統祝酒的上酒方式——裝盛在鑲嵌於銀內的巨大木碗裡，上頭裝飾著烤蘋果。祝酒本身也同樣合乎傳統——非常燙口，且酒精濃度比看起來更高。請小心飲用。

分量：馬爾其家族的 6 杯，一般人的 10 杯

約 1 杯紅糖

12 顆小蘋果，去核

2 杯蘋果酒（見右下提示）

4 根肉桂棒或 ½ 茶匙肉桂粉

裝飾用肉桂棒數根

約 3 顆丁香粒或 ¼ 茶匙丁香粉

新鮮的薑和新鮮豆蔻少許（添加風味用）

---

1. 烤箱預熱至華氏 180 度。把紅糖鬆散地塞入蘋果掏空的中心，接著將蘋果放入焗烤盤，加一點水。視蘋果大小，入烤箱烘烤 45 分鐘到 1 小時，直到蘋果變軟並膨脹至果皮裂開的程度。

2. 在此同時，用大鍋子小火加熱蘋果酒。將肉桂棒和丁香粒磨碎、混合（或混合現成的肉桂粉和丁香粉），撒入加熱中的蘋果酒，繼續加熱直到熱燙但未沸騰。

3. 加入薑和豆蔻增添風味（馬爾其大爺的祕密食材是一杯上等波特酒，在正熱時加入）。

4. 上桌前，先將蘋果放入耐熱的潘趣杯，再舀進祝酒。馬爾其家族的酒譜指定每一杯都要裝飾一根新鮮肉桂棒。你想的話，也可以將剩下的蘋果切片當作裝飾。多餘的烤蘋果搭配上鮮奶油、優格和冰淇淋，也很美味。

提示：超市的果汁區是找不到蘋果酒的。它是能夠享受濃郁蘋果風味的美妙酒精飲料，你可以在酒專賣店買到各種蘋果酒，不過，還是蘋果農私釀自用的最棒。交個種蘋果的農友吧！馬爾其家族就是從貝爾蒙修道院附屬農場取得他們的蘋果酒。

《紐約時報》暢銷小說作家**迪安娜・瑞鮑恩**是土生土長的第六代德州人，擁有英文和歷史學位。她的小說曾多次獲得大獎提名，包含五次麗塔獎、兩次《浪漫時潮》小說書評票選獎、阿嘉莎獎、兩次黛莉絲溫獎（Dilys Winns Award）、幽默匕首獎（Last Laugh Award），以及三次杜穆里埃獎（Daphne du Maurier Award）。

貝絲・阿莫斯

假期格洛格

假期格洛格這款飲品，既溫暖又散發香料的芬芳。我以筆名艾莉森・阿伯特（Allyson K. Abbott）寫了兩本小說：《冷冽兇殺》（Murder on the Rocks）和《加味兇殺》（Murder with a Twist）。主角是名業餘偵探梅克・道爾頓（Mack Dalton），她在休假期間總會在自己的酒吧裡慢火熬煮一整天，即便那叫人陶醉的香氣和味道很可能令她的聯覺症狀失控！這杯飲料非常適合休假聚會的場合，更是寒冬滑雪橇或其他戶外活動之後，可以在壁爐前好好享用的最佳美味熱飲，不論大人小孩都喜愛它（給小孩童的就不加蘭姆酒）。花幾分鐘調製完成之後，就可以放在慢燉鍋裡熬煮一整天。記得在鍋子旁準備個勺子，好讓想喝的人可以自行取用。熬煮整天還有個附加優點，就是會讓屋子裡充滿美妙的芳香！

　　對於派對場合，我會準備下述酒譜的兩倍量，然後一半置於冰箱，一半放在鍋裡，並在派對進行期間視情況補充至鍋中。

分量：8～10 杯，視馬克杯的大小而定

1 公升蘋果酒
1 公升蔓越莓汁
2 杯柳橙汁
¾ 杯紅糖或黑糖
2 茶匙肉桂粉
6 顆橘子
12 顆丁香粒或 1 茶匙丁香粉
深色蘭姆酒（可不用）
肉桂棒

1. 將所有果汁倒入慢燉鍋中，加入糖和肉桂粉攪拌均勻。

2. 將橘子對半切，在有皮的那面各塞 1 顆丁香粒（也可直接將丁香粒丟進果汁裡，但是這麼做能在增添風味的同時，避免丁香粒因為到處亂飄而跑到飲料裡），放入鍋中加熱（若是用丁香粉，則只需拌入果汁即可）。

3. 以高溫加熱直至冒出蒸氣，然後降低溫度慢火熬煮，想煮多久就煮多久，記得每隔一段時間攪拌一下。

4. 調製單杯飲料時，先舀一些液體到馬克杯裡，再依喜好決定是否加入 2 湯匙的深色蘭姆酒，然後再放入肉桂棒。

5. 當天結束前，可以在格洛格冷卻後置於冰箱冷藏，隔天再拿出來重新加熱。這麼做只會讓味道更棒！

暢銷作家**貝絲・阿莫斯**共有兩個用於撰寫推理小說的筆名：安娜莉絲・萊恩（Annelise Ryan）和艾莉森・阿伯特。2014 年出版的《加味謀殺》是梅克酒吧（Mack's Bar）系列的第二冊。她的最新作品是《重罰》（Stiff Penalty），是瑪蒂・溫斯頓（Mattie Winston）系列的第六冊。

蘿拉・恰爾茲

殺手甜茶

我書中的主角西奧多希亞・布朗寧（Theodosia Browning）在熱氣蒸騰的查理頓市經營一家槐藍茶坊，在那兒，茶主宰著一切。時間因茶而慢下腳步，喝茶晉升為一種風雅藝術，空氣中洋溢著大吉嶺的清甜果香、阿薩姆的麥芽香氣，以及祁門紅茶的焦香味，營造出幾近芳香療法的效果。然而，兇殺危機潛藏在查理頓歷史街區的鵝卵石巷和窄道內，長達二世紀的世仇依舊張牙舞爪地伺機而發。話說復仇最好趁冷端上，這杯南方甜茶也是！

分量：1壺	1. 用深平底鍋煮沸 3 杯水，接著投入茶包，以小火滾煮 2 分鐘後關火。蓋上鍋蓋，讓茶包繼續浸泡 10 分鐘。
3 杯待煮沸的水 3 枚紅茶或調味茶茶包 ¾ 杯砂糖 6 杯冷開水	2. 取出茶包，加糖，攪拌直至溶解。倒入約四公升裝的容器，再加入冷開水和冰塊。盡情暢飲吧！

《紐約時報》暢銷作家**蘿拉・恰爾茲**，著有茶坊（Tea Shop）推理系列、剪貼簿（Scrapbooking）推理系列，以及「咯咯蛋俱樂部」（Cackleberry Club）推理系列。她最新的作品包含《邪惡沉醉》（Steeped in Evil）和《飄盪亡靈》（Gossamer Ghost）。先前，蘿拉身任其行銷公司的執行長，除了創作多部劇本之外，也擔任某真人實境秀的製作人。

李・查德

一壺好咖啡

我承認，這不是什麼費工的飲品，但是它總能讓我集中精神。選用中間等級的美式咖啡機，無需太貴，但也不要太便宜。我覺得美膳雅（Cuisinart）的咖啡機還不錯，它的金色濾網在我幾個月的重度使用之下都染上味道了。

首先，在咖啡壺內裝滿水，然後倒進咖啡機，假如你想講究一點，也可以使用瓶裝水，因為你不會想讓都市自來水中的氯變成這道飲品的成分之一。法國愛維養礦泉水的口感就頗佳。在添加水和咖啡粉時，咖啡粉的匙數只要按照咖啡壺上的標示即可，而水則需要比標示的再少一個刻度。任何產自哥倫比亞的咖啡豆都適用，若你荷包夠飽，不妨試試牙買加藍山咖啡。絕對避免用任何加味或摻雜其他成分的咖啡。蓋上咖啡機頂蓋，按下開關，數到五，你的飲品就準備好了。

不過，要慎選馬克杯。骨瓷製品最為理想，若能取得精緻且呈半透明質感的尤佳，而且最好是高瘦呈圓柱狀的杯型。杯緣靠在唇上時，需感覺它薄如刀片，任何多餘的重量或厚度都會導致咖啡散熱過快。當然，還要避免一切乳製品和甜味劑，我們在這裡泡的咖啡就是如此，不能與別處的糖漿牛奶飲品相提並論。

李・查德出生於英格蘭，目前居於紐約。除非有不可抗力的因素，他絕不會離開曼哈頓島。如欲瞭解傑克・李奇（Jack Reacher）系列小說的相關資訊和其他詳情，請造訪他的網站 www.leechild.com。

公英制對照表

請利用此經過四捨五入的對照表來轉算公制與英制的容量及重量。

容積

美制	英制	公制（毫升）
¼ 茶匙		1.25 毫升
½ 茶匙		2.5 毫升
1 茶匙		5 毫升
1 湯匙		15 毫升
4 湯匙（¼ 杯）	2 液量盎司	60 毫升
5 湯匙（⅓ 杯）	2 ½ 液量盎司	75 毫升
8 湯匙（½ 杯）	4 液量盎司	125 毫升
10 湯匙（⅔ 杯）	5 液量盎司	150 毫升
12 湯匙（¾ 杯）	6 液量盎司	175 毫升
16 湯匙（1 杯）	8 液量盎司	250 毫升
1 ¼ 杯	10 液量盎司	300 毫升
1 ½ 杯	12 液量盎司	355 毫升
2 杯（1 品脱）	16 液量盎司	500 毫升

◎Cup=杯 | Fluid ounce＝液量盎司 | Milliliter 或 ml＝毫升 | Pint＝品脱 | Tablespoon＝湯匙 | Teaspoon 茶匙

重量

美制	公制	美制	公制
¼ 盎司	7 克	8 盎司（½ 磅）	225 克
½ 盎司	15 克	9 盎司	250 克
1 盎司	30 克	10 盎司	280 克
2 盎司	55 克	11 盎司	310 克
3 盎司	85 克	12 盎司（¾ 磅）	340 克
4 盎司（¼ 磅）	110 克	13 盎司	370 克
5 盎司	140 克	14 盎司	400 克
6 盎司	170 克	15 盎司	425 克
7 盎司	200 克	16 盎司（1 磅）	450 克

◎Gram=克 | Ounce＝盎司 | Pound＝磅

國家圖書館出版品預行編目（CIP）資料

美國推理作家食譜：失蹤的凶器、消失的屍體，110位推理作家的109道
驚人美食 / 凱特.懷特（Kate White）編著；蔡宛娜、古又羽譯. -- 初版.
 -- 臺北市：積木文化出版：家庭傳媒城邦分公司發行, 民105.11
　面；　公分
譯自：The mystery writers of America cookbook
ISBN 978-986-459-069-8(平裝)

　1.飲食　2.食譜　3.文集

927.07　　　　　　　　　　　　　　　　　　　　105022768

美國推理作家食譜
失蹤的凶器、消失的屍體，110位推理作家的109道驚人美食

原 書 名　The Mystery Writers of America Cookbook
編　　者　凱特‧懷特（Kate White）
譯　　者　蔡宛娜、古又羽
特 約 編 輯　劉綺文

總 編 輯　王秀婷
責 任 編 輯　向艷宇
行 銷 業 務　黃明雪、陳彥儒
版　　權　向艷宇

發 行 人　涂玉雲
出　　版　積木文化
　　　　　104 台北市民生東路二段 141 號 5 樓
　　　　　官網：www.cubepress.com.tw
　　　　　電話：(02)2500-7696　傳真：(02)2500-1953
　　　　　讀者服務信箱：service_cube@hmg.com.tw
發　　行　英屬蓋曼群島商家庭傳媒股份有限公司城邦分公司
　　　　　台北市民生東路二段 141 號 2 樓
　　　　　讀者服務專線：(02)25007718~9
　　　　　廿四小時傳真專線：(02)25001990~1
　　　　　服務時間：週一至週五 09:30-12:00、13:30-17:00
　　　　　郵撥：19863813；戶名：書虫股份有限公司
　　　　　網站：城邦讀書花園 www.cite.com.tw
香港發行所　城邦（香港）出版集團有限公司
　　　　　香港灣仔駱克道 193 號東超商業中心 1 樓
　　　　　電話：852-2508 6231　傳真：852-2578 9337
　　　　　E-mail: hkcite@biznetvigator.com
馬新發行所　城邦（馬新）出版集團 Cite (M) Sdn Bhd
　　　　　41, Jalan Radin Anum, Bandar Baru Sri Petaling,
　　　　　57000 Kuala Lumpur, Malaysia.
　　　　　電話：603-90563833　傳真：603-90566622
　　　　　E-mail: cite@cite.com.my

封 面 設 計　葉若蒂
印　　刷　中原造像股份有限公司

城邦讀書花園
www.cite.com.tw

ISBN：978-986-459-069-8
售價：550 元
初版一刷　2016 年（民 105）12 月

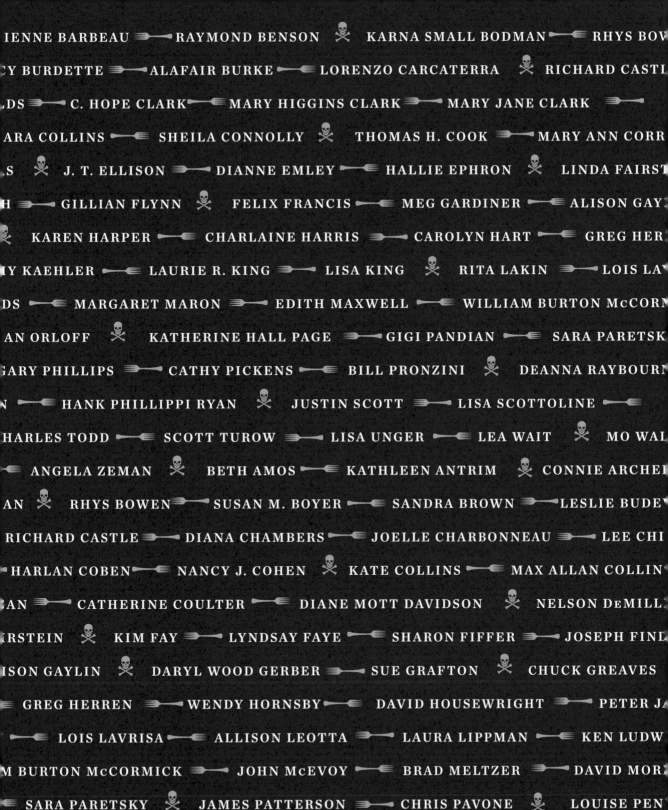

IENNE BARBEAU ➤ RAYMOND BENSON ☠ KARNA SMALL BODMAN ➤ RHYS BOW

CY BURDETTE ➤ ALAFAIR BURKE ➤ LORENZO CARCATERRA ☠ RICHARD CASTL

DS ➤ C. HOPE CLARK ➤ MARY HIGGINS CLARK ➤ MARY JANE CLARK ➤

ARA COLLINS ➤ SHEILA CONNOLLY ☠ THOMAS H. COOK ➤ MARY ANN CORR

S ☠ J. T. ELLISON ➤ DIANNE EMLEY ➤ HALLIE EPHRON ☠ LINDA FAIRST

H ➤ GILLIAN FLYNN ☠ FELIX FRANCIS ➤ MEG GARDINER ➤ ALISON GAY

☠ KAREN HARPER ➤ CHARLAINE HARRIS ➤ CAROLYN HART ➤ GREG HER

Y KAEHLER ➤ LAURIE R. KING ➤ LISA KING ☠ RITA LAKIN ➤ LOIS LA

DS ➤ MARGARET MARON ➤ EDITH MAXWELL ➤ WILLIAM BURTON McCORM

AN ORLOFF ☠ KATHERINE HALL PAGE ➤ GIGI PANDIAN ➤ SARA PARETSK

GARY PHILLIPS ➤ CATHY PICKENS ➤ BILL PRONZINI ☠ DEANNA RAYBOURN

N ➤ HANK PHILLIPPI RYAN ☠ JUSTIN SCOTT ➤ LISA SCOTTOLINE ➤

HARLES TODD ➤ SCOTT TUROW ➤ LISA UNGER ➤ LEA WAIT ☠ MO WAL

➤ ANGELA ZEMAN ☠ BETH AMOS ➤ KATHLEEN ANTRIM ☠ CONNIE ARCHE

AN ☠ RHYS BOWEN ➤ SUSAN M. BOYER ➤ SANDRA BROWN ➤ LESLIE BUDE

RICHARD CASTLE ➤ DIANA CHAMBERS ➤ JOELLE CHARBONNEAU ➤ LEE CHI

➤ HARLAN COBEN ➤ NANCY J. COHEN ☠ KATE COLLINS ➤ MAX ALLAN COLLIN

AN ➤ CATHERINE COULTER ➤ DIANE MOTT DAVIDSON ☠ NELSON DeMILL

RSTEIN ☠ KIM FAY ➤ LYNDSAY FAYE ➤ SHARON FIFFER ➤ JOSEPH FINL

ISON GAYLIN ☠ DARYL WOOD GERBER ➤ SUE GRAFTON ☠ CHUCK GREAVES

➤ GREG HERREN ➤ WENDY HORNSBY ➤ DAVID HOUSEWRIGHT ➤ PETER JA

➤ LOIS LAVRISA ➤ ALLISON LEOTTA ➤ LAURA LIPPMAN ➤ KEN LUDW

M BURTON McCORMICK ➤ JOHN McEVOY ➤ BRAD MELTZER ➤ DAVID MOR

➤ SARA PARETSKY ☠ JAMES PATTERSON ➤ CHRIS PAVONE ☠ LOUISE PEN

NNA RAYBOURN ➤ KATHY REICHS ➤ BARBARA ROSS ➤ LAURA JOH ROWLAN

L. J. SELLERS ☠ KARIN SLAUGHTER ➤ LINDA STASI ➤ WENDY CORSI STAU

TH AMOS ⟹ KATHLEEN ANTRIM ⟸ CONNIE ARCHER ☠ FRANKIE Y. BAILEY ⟹

SUSAN M. BOYER ☠ SANDRA BROWN ⟹ LESLIE BUDEWITZ ⟸ CAROLE BUGGÉ

☠ DIANA CHAMBERS ⟸ JOELLE CHARBONNEAU ⟹ LEE CHILD ☠ LAUR

LAN COBEN ⟹ NANCY J. COHEN ⟸ KATE COLLINS ☠ MAX ALLAN COLLINS AND

THERINE COULTER ☠ DIANE MOTT DAVIDSON ⟸ NELSON DeMILLE ⟹ GERAL

M FAY ⟸ LYNDSAY FAYE ☠ SHARON FIFFER ⟹ JOSEPH FINDER ⟸ BILL FIT

RYL WOOD GERBER ⟹ SUE GRAFTON ⟸ CHUCK GREAVES ⟹ BETH GROUNDWA

DY HORNSBY ⟸ DAVID HOUSEWRIGHT ☠ PETER JAMES ⟸ J. A. JANCE ⟹

ISON LEOTTA ☠ LAURA LIPPMAN ⟹ KEN LUDWIG ⟸ JOHN LUTZ ⟹ GAYI

JOHN McEVOY ⟹ BRAD MELTZER ⟸ DAVID MORRELL ⟹ MARCIA MULLER ⟸

JAMES PATTERSON ☠ CHRIS PAVONE ⟹ LOUISE PENNY ⟸ TWIST PHELAN

⟸ KATHY REICHS ⟸ BARBARA ROSS ☠ LAURA JOH ROWLAND ⟹ S. J.

J. SELLERS ⟹ KARIN SLAUGHTER ⟸ LINDA STASI ⟹ WENDY CORSI STAUB

KATE WHITE ⟹ TINA WHITTLE ⟸ JACQUELINE WINSPEAR ⟹ BEN H. WINT

NKIE Y. BAILEY ⟸ ADRIENNE BARBEAU ⟹ RAYMOND BENSON ⟸ KARNA SMALL

AROLE BUGGÉ ☠ LUCY BURDETTE ⟹ ALAFAIR BURKE ⟸ LORENZO CARCATERR

LAURA CHILDS ⟹ C. HOPE CLARK ☠ MARY HIGGINS CLARK ⟸ MARY JANE CLAF

BARBARA COLLINS ⟸ SHEILA CONNOLLY ⟹ THOMAS H. COOK ☠ MARY ANN

ERALD ELIAS ⟹ J. T. ELLISON ☠ DIANNE EMLEY ⟹ HALLIE EPHRON ⟸ LIN

BILL FITZHUGH ⟸ GILLIAN FLYNN ⟹ FELIX FRANCIS ☠ MEG GARDINER

H GROUNDWATER ⟹ KAREN HARPER ⟸ CHARLAINE HARRIS ☠ CAROLYN HA

. A. JANCE ⟸ TAMMY KAEHLER ⟹ LAURIE R. KING ⟸ LISA KING ⟹ RITA

N LUTZ ⟸ GAYLE LYNDS ⟹ MARGARET MARON ⟸ EDITH MAXWELL ☠

ARCIA MULLER ☠ ALAN ORLOFF ⟹ KATHERINE HALL PAGE ⟹ GIGI PANDIA

TWIST PHELAN ⟹ GARY PHILLIPS ☠ CATHY PICKENS ⟸ BILL PRONZINI

S. J. ROZAN ☠ HANK PHILLIPPI RYAN ⟹ JUSTIN SCOTT ⟹ LISA SCOTTOLINI